Kohlhammer Edition Feuerwehr
Herausgegeben von Manfred Gihl

Manfred Gihl

Rettungsfahrzeuge

Von der Krankenkutsche zum Notarztwagen

Verlag W. Kohlhammer
Stuttgart Berlin Köln Mainz

CIP-Kurztitelaufnahme der Deutschen Bibliothek

Gihl, Manfred:

Rettungsfahrzeuge : von d. Krankenkutsche
z. Notarztwagen / Manfred Gihl. –
Stuttgart ; Berlin ; Köln ; Mainz : Kohlhammer, 1986.
(Kohlhammer-Edition Feuerwehr)
ISBN 3-17-009009-7

Verlagsort: Stuttgart
Umschlag: hace
Gesamtherstellung:
W. Kohlhammer Druckerei GmbH + Co. Stuttgart
Printed in Germany

Inhalt

Krankentransportwagen des Rettungsdienstes des Kreises Nordfriesland vor dem Seenotrettungskreuzer »H. J. Kratschke«.
Mercedes-Benz der Baureihe W 123 mit Aufbau von Miesen.

Vorwort

Wer sich mit dem Thema Rettungsfahrzeuge näher befassen möchte, stellt nach ausgiebigem Recherchieren schließlich fest, daß es eigenartigerweise nur wenige Veröffentlichungen über diese Gattung von Sonderfahrzeugen zu geben scheint. Die einschlägige Fachliteratur befaßt sich vornehmlich mit der Organisation und den medizinischen Aspekten des Rettungswesens. Hingegen sind Darstellungen der fahrzeugtechnischen Entwicklung der Rettungsfahrzeuge rar. Obwohl jedermann bewußt ist, daß sie lebensnotwendig sind, scheinen sie ihr Dasein eher im Verborgenen zu führen.
Mit dem vorliegenden Bildband soll darum eine Lücke in der an sich umfangreichen Automobil-Literatur geschlossen werden. Er behandelt eine Zeitspanne von rund achtzig Jahren, nämlich vom Beginn der Motorisierung um 1900 bis heute. Es war eine langwierige, aber fesselnde Arbeit, die weitverstreuten Materialien – Bilder, Beschreibungen, Berichte – bei verschiedenen Sanitätsorganisationen, Feuerwehren, Herstellern und Privatsammlern aufzuspüren und zu sichten. Das hierbei zum Vorschein gekommene Fotomaterial, das dank glücklicher Umstände erhalten geblieben ist – vieles ging leider im letzten Krieg verloren – überraschte in seiner Fülle. So fiel es teilweise schwer, die Auswahl für diese Veröffentlichung zu treffen. Eine ganze Reihe von Fotos kann hier erstmals nach 40 bis 50 Jahren des Schlummerns in Archiven gezeigt werden. Allen denen, die mir ihr wertvolles Bildmaterial zugänglich gemacht haben, gilt mein aufrichtiger Dank.
Schwierigkeiten traten bei der Einordnung so manchen, auf alten Fotografien dargestellten Krankenwagens nach Marke, Typ und Baujahr auf. Großzügige Hilfe erhielt ich in allen Zweifelsfragen von Herrn Werner Oswald, einem der besten Sachkenner deutscher Automobile, dem ich an dieser Stelle sehr herzlich für seine Beratungen danke.
Gezielte Befragungen von ehemals mit dem Krankentransport verantwortlich befaßten Herren förderten bemerkenswerte Details zutage. Das betrifft insbesondere die wahrhaft abenteuerliche Zeit nach dem Zweiten Weltkrieg. Der Verfasser ist der Ansicht, daß jene entbehrungsreichen Jahre einer eingehenderen Betrachtung wert sind. Wohl zu keiner anderen Zeit gab es so viele unzumutbare Krankenwagen! Mit Absicht wurden zahlreiche zeitgenössische Zitate und Schilderungen aufgenommen, um dem Leser ein möglichst plastisches Bild von den Sorgen und Nöten, Tendenzen und Fortschritten des Krankenwagenbaus der jeweiligen Zeitabschnitte zu vermitteln.
Von der Krankenkutsche zum Notarztwagen – so der Untertitel dieses Bildbandes – erstreckt sich das historische Angebot fahrbarer Krankentransportmittel, die hier in Wort und Bild vorgestellt werden. Viele Jahrzehnte lang gab es lediglich den Krankenkraftwagen, landläufig und vereinfachend »Krankenwagen« genannt, allenfalls nach der Zahl der zu befördernden Patienten unterschieden. Heute ist der Begriff des Rettungsfahrzeugs vielschichtiger. Er umfaßt den Krankenkraftwagen nach Norm, zu dem der Rettungswagen und der Notarztwagen für Notfallpatienten sowie der Krankentransportwagen für Nicht-Notfallpatienten gehören. Hinzu kommt eine Anzahl von Spezialkrankentransportfahrzeugen für besondere Anforderungen.
Fast sämtliche technischen Fortschritte beim motorisierten Krankenwagen waren in erheblichem Maße von der allgemeinen Kraftfahrzeugentwicklung abhängig. Anfangs lief der Krankenwagenbau bei einigen Automobilwerken »nebenbei« mit. Heute haben sich wenige Aufbauhersteller in Deutschland auf die Fertigung von Rettungsfahrzeugen unter Verwendung von Serienfahrgestellen mit Erfolg spezialisiert und können jeglichen Sonderanforderungen entsprechen. Zu keiner Zeit gab es so etwas wie einen Technologiesprung, wie er bei anderen technischen Produkten teilweise zu verzeichnen ist. Bei Rettungsfahrzeugen muß vielmehr von einer stetigen Verbesserung und praxisorientierten Weiterentwicklung gesprochen werden. Dies gilt insbesondere für den Fahrkomfort, dessen Bedeutung für das gesundheitliche Wohl des Patienten unbestritten ist. Die erzielten Fortschritte sind ein Verdienst von Fahrzeugtechnikern, Ärzten und engagierten Rettungssanitätern. Auch die frühzeitig einsetzende Normung in Deutschland hat sich in dieser Hinsicht sehr förderlich ausgewirkt. Zu einer Serienfertigung konnte es, abgesehen vom Fahrgestell, wegen der geringen jährlichen Stückzahlen nie kommen. Auch ist ein hoher Anteil von solider handwerklicher Arbeit noch heute unverzichtbar. Deshalb gab es –

trotz Normung – zu allen Zeiten eine Vielzahl von Bauarten und Varianten bei den Rettungsfahrzeugen.

Ein Anliegen dieses Werkes ist es, eine möglichst repräsentative Übersicht über die vergangenen letzten achtzig Jahre Rettungsfahrzeugbau zu vermitteln. Inzwischen weitgehend unbekannte, nicht mehr existierende Marken sollen in Erinnerung gerufen werden. Dennoch wird möglicherweise der eine oder andere Kenner unter den Lesern einige Sonderbauarten vermissen. Sie alle hier zu berücksichtigen, hätte den Rahmen eines Bildbandes, der ja kein Typenbuch sein kann, gesprengt. Aus demselben Grund können auch die im Rettungsdienst eingesetzten Luft- und Wasserfahrzeuge nicht behandelt werden.

Den Rettungsdienst und die Krankenbeförderung in der Bundesrepublik Deutschland nehmen heute das Deutsche Rote Kreuz, die Berufs- und Freiwilligen Feuerwehren, der Arbeiter-Samariter-Bund, der Malteser Hilfsdienst, die Johanniter Unfallhilfe sowie einige Privatunternehmer in länderweise und regional unterschiedlichem Umfang wahr. Ihnen stehen rund 13 500 Rettungsfahrzeuge zur Verfügung.

Wenngleich diese Geschichte der Rettungsfahrzeuge im Rahmen der *Edition Feuerwehr* erscheint, liegt das Schwergewicht der Fahrzeugpräsentation durchaus nicht bei den in Diensten von Feuerwehren stehenden Fahrzeugen. Vielmehr sind alle Träger des Rettungsdienstes, einschließlich Bundeswehr und Katastrophenschutz vertreten.

Für wertvolle Anregungen und Auskünfte danke ich den Herren Hans Brunswig, Ludwig Lehmann, Hans Miesen und Hans Stollenwerk. Mein besonderer Dank gilt Herrn Hauptmann Riemann für die Bearbeitung des Kapitels über die Bundeswehr-Krankenkraftwagen.

Hamburg, im August 1985 *Manfred Gihl*

Kapitel 1

Die Anfänge eines geordneten Rettungswesens

Auf freiwilliger Basis: Sanitätskolonnen und Samaritervereine

Im Deutschen Reich waren es vor allem die Rotkreuzgesellschaften und die Samaritervereine, welche die Erste Hilfe und die Beförderung kranker und verletzter Personen im letzten Drittel des 19. Jahrhunderts freiwillig übernommen hatten und insbesondere in den Städten mit großer Hingabe ausübten.

Die *Sanitätscolonnen vom Roten Kreuz* entstanden in allen deutschen Ländern als rechtlich weitgehend selbständige Vereine. Die älteste Rotkreuzgesellschaft wurde Ende November 1863 von dem Pfarrer *Dr. Christoph Ulrich Hahn* in Stuttgart als Gliederung des bereits seit 1817 bestehenden Württembergischen Wohlfahrtsvereins gegründet. Innerhalb kurzer Zeit folgten weitere Landesorganisationen, so 1864 in Preußen, Mecklenburg-Schwerin und Hamburg, 1866 in Bayern. Am 20. April 1869 vereinigten sich die bis dahin bestehenden Rotkreuzgesellschaften.

Die zweite freiwillige Organisation, die sich der Gesundheitspflege und Unfallrettung widmete, waren die *Samaritervereine,* die auf die Initiative des Arztes *Friedrich von Esmarch* zurückgehen. Er eröffnete 1881 in Kiel die erste Samariterschule. Zunächst hatte er allerdings gegen Vorurteile der Ärzteschaft anzukämpfen, die grundlos befürchtete, daß Laien in ihre Domäne eindringen würden. Überall im Reich entstanden aufgrund seines Wirkens Samaritervereine, die sich schon 1885 auf dem Samaritertag in Kassel zum »Deutschen Samariterbund« zusammenschlossen. In etwa Dreiviertel aller deutschen Gemeinden mit mehr als 10000 Einwohnern gab es schließlich Samaritervereine. Neben diesen und den Sanitätskolonnen vom Roten Kreuz waren in manchen Städten und Gemeinden, teilweise zusätzlich, private »Rettungsgesellschaften« tätig.

Als um die Jahrhundertwende die Zahl der Betriebsunfälle infolge des Industriebooms sprunghaft anstieg und auch der zunehmende Straßenverkehr seine ersten Opfer forderte, wurden von offizieller Seite Anstrengungen zur umfassenden Verbesserung des Rettungswesens unternommen. Inzwischen gab es nicht nur eine Sozialgesetzgebung, sondern auch Berufsgenossenschaften.

In deren Interesse lag es, daß ihren versicherten Mitgliedern bestmögliche Versorgung nach Unfällen zuteil wurde, um Aufwendungen für Heilverfahren und Unfallrenten niedrig zu halten. In größeren Industriebetrieben wurden Unfallstationen und eigene Krankenwagen selbstverständliche Einrichtungen.

Die dieserart gesteigerte Vor- und Fürsorge für Verunglückte verlangte dringend nach einer verbesserten Organisation des Rettungswesens. Mit den Vorarbeiten dieser Aufgabe wurde das im Jahre 1901 gegründete »Zentralkomitee für das Rettungswesen in Preußen« betraut. Es veranlaßte 1903 eine Bestandsaufnahme des Rettungswesens in Preußen und darüber hinaus im gesamten Reich. Sie machte – nicht überraschend – deutlich, daß die Zuständigkeiten sehr unterschiedlich geregelt waren. Hierüber berichtet *Erich Hesse* in »Das Rettungswesen in der Geschichte und die spätere Entwicklung im Deutschen Reich«:

»Es ergab sich eine ungeheure Vielseitigkeit in der Auffassung und Begrenzung des Rettungswesens. Nur in

Solche Gefährte waren während des Krieges 1870/71 bei der preußischen Infanterie üblich. Zwei Verwundete konnten damit notdürftig transportiert werden. Hinter dem Kutschbock sind zusammengelegte Tragen zu erkennen.

Krankentransportwagen für sechs Verwundete.

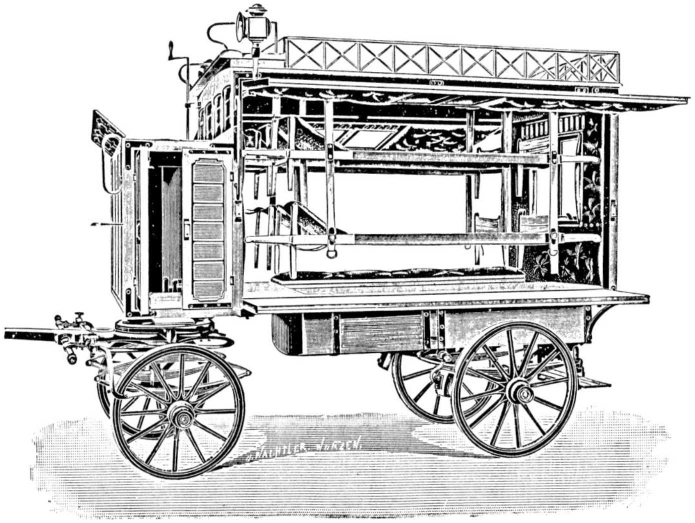

Aus dem Katalog der Firma E. C. Flader, Jöhstadt in Sachsen, im Jahre 1911: Krankentransportwagen für vier Verwundete.

Berlin und Frankfurt a. M. war das Rettungswesen rein städtisch aufgezogen. In Süddeutschland, z. B. in Nürnberg und München, lag die Verantwortung für alle Einrichtungen der Rettungsarbeit in den Händen der Sanitätskolonnen vom Roten Kreuz. In vielen größeren Städten besorgten die Beamten und Angestellten der Berufsfeuerwehr allein den Rettungsdienst, in anderen Städten dagegen in Gemeinschaft mit der Polizei und den freiwilligen Rettungsgesellschaften. In ländlichen Bezirken waren fast nur freiwillige Organisationen Träger des Rettungsdienstes (Freiwillige Feuerwehren mit besonders ausgebildeten Feuerwehrsamaritern, kleine Einheiten der Rotkreuzkolonnen und der Landessamariter).
Die Rettungswachen unterstanden in vielen Städten der Polizei, in anderen waren sie den Feuerwachen der Berufsfeuerwehr unter Einrichtung besonderer Verbindestuben angegliedert. In vielen anderen Orten waren sie von beiden Organisationen, nebeneinander und auf die verschiedenen Stadtteile verteilt, besetzt, oder sie wurden von freiwilligen Rettungsgesellschaften unterhalten. Die Zahl der Wachen war naturgemäß in stark industrialisierten Gegenden erheblich größer und vielfach der verantwortungsvollen Tätigkeit der Betriebs-, Fabrik- und Grubenwehren überlassen. Die Wachen standen nur in einzelnen Städten unter ständiger ärztlicher Leitung, in anderen Städten wurden in der Nähe der Wachen wohnende Ärzte notfalls herbeigerufen und leisteten, unterstützt von den auf der Rettungswache befindlichen Laienhelfern, Erste Hilfe. Viele Betriebe, Bergwerke und Fabriken hatten ihre eigenen Betriebs-, Knappschafts- und Fabrikärzte, die jederzeit erreichbar waren. Auf größeren Bahnhöfen waren meist von freiwilligen Rettungsgesellschaften (Rotkreuz) eingerichtete Bahnhofswachen unter Aufsicht der Rotkreuzärzte vorhanden (Hamburg, Hannover, Berlin, Bremen u. a.).«
Die Auswertung der Umfrage von 1903 führte bald zu Empfehlungen der Reichsregierung an die Bundesländer für »Grundsätze für die Ordnung des Rettungs- und Krankenbeförderungswesens« als Muster für landesrechtliche Regelungen. Die Voraussetzungen für den Aufbau eines geordneten Rettungswesens waren in den großen Städten naturgemäß bedeutend günstiger als in kleinen Gemeinden und erst recht auf dem Lande.
Die Mitwirkung der Feuerwehren im Rettungsdienst war weithin unbestritten. Kurz nach der Jahrhundertwende war in den meisten Großstädten der städtischen Berufsfeuerwehr der Unfallrettungsdienst und teilweise auch die Krankenbeförderung übertragen worden. Die Feuerwehr bot für diese Aufgaben günstige Voraussetzungen, weil sie ohnehin über Nachrichtenmittel, Fahrzeuge, Werkstätten und als Samariter ausgebildete Feuerwehrmänner verfügte. So erkannte zum Beispiel auch »Der Deutsche Kolonnenführer – Zentralblatt für die Interessen der Deutschen Freiwilligen Sanitätskolonnen vom Roten Kreuz« an: »Mit dem Samariterwesen Hand in Hand ging das Feuerwehrwesen, das aus naheliegenden Gründen als der natürliche Bundesgenosse bei Ausübung des Rettungsdienstes gelten mußte.« (1909).

Im Galopp ins Krankenhaus

Auf welche Weise können kranke und verletzte Menschen von ihrer Wohnung, ihrer Arbeitsstätte oder von

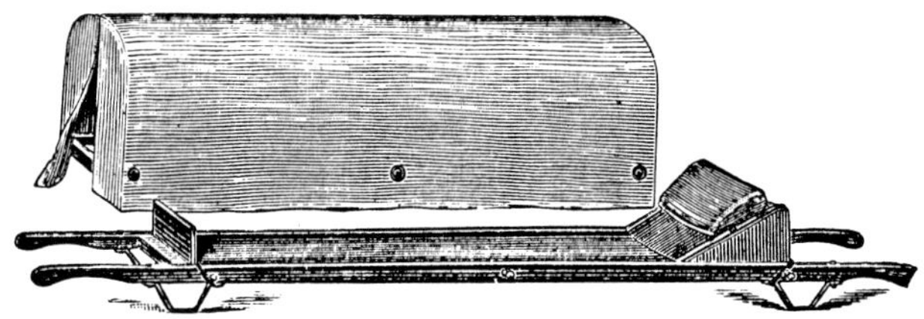

Verschiedene Räderbahren im Katalog der sächsischen Firma E. C. Flader in Jöhstadt, 1911.

Die beliebte »Handmarie« mit abnehmbarem Verdeck.

der Straße, wo immer sie Krankheit oder Unfall ereilt haben, schonend und zugleich rasch in ein Krankenhaus gebracht werden? Das ist eine nicht einfache Transportaufgabe, deren Lösung schon immer viele engagierte Sanitäter, Ärzte, Ingenieure und Erfinder beschäftigte. Als Beförderungsmittel standen, wie wir wissen, anfangs lediglich einfachste Traggestelle zur Verfügung, die von zwei Mann zu tragen waren. Aus ihnen entwickelte sich im Laufe der Jahrzehnte die uns geläufige Krankentrage, an deren eigentlicher Konstruktion sich grundsätzlich nichts mehr geändert hat.

Seit etwa 1850 kamen sogenannte Räderbahren in Gebrauch, zweirädrige Bahren also, die von einem einzigen Mann gezogen oder geschoben werden. Nach dem Prinzregenten Luitpold von Bayern war die populäre »Prinzregententrage« benannt, in anderen Ländern hießen ähnliche Räderbahren schlicht »Handmarie«. Zum Schutz vor neugierigen Blicken und schlechtem Wetter besaßen sie Klappverdecke.

Als primitive Transportmittel jener Zeit sind Tragesitze, Handkarren, Schubkarren, Schleiftragen, zweirädrige Pferdekarren, im Winter auch Schlitten, zu nennen. Die meisten Beförderungsarten müssen von schwerverletzten Personen als schlimme Tortur empfunden worden sein. Zweirädrige Ochsenkarren und Pferdefuhrwerke waren auch zum Abtransport der Verwundeten von den Schlachtfeldern in allen Ländern üblich.

Einen gewissen Fortschritt stellten die verschiedenartigen Fahrradbahren dar, die durch Verbindung zweier Fahrräder entstanden, in deren Mitte sich die Bahre für eine liegende Person befand. Oder man hängte eine Rädertrage einfach an ein Fahrrad an. Dem Erfindergeist rühriger Sanitäter war hier ein weites Betätigungsfeld eröffnet. Auch einzelne Feuerwehren in Deutschland experimentierten übrigens einige Zeit lang mit Vorauslöschtrupps auf Fahrrädern.

So einfach und preiswert solche Fahrradtragen auch waren, hatten sie leider einen schwerwiegenden Nachteil: auf längeren Strecken und Straßen mit Steigungen ließ die Muskelkraft der wackeren Sanitäter, selbst wenn sie geübte Radfahrer waren, allmählich nach, und die Überführungsfahrt zog sich in die Länge . . .

So blieb vorerst nur *ein* schnelles Beförderungsmittel: die pferdebespannte Krankenkutsche nach »Landauer« Art, bei der die Tragen – damals sagte man noch Bahren – meist bis unter den Kutschbock geschoben werden mußten. Trotz fortschreitender Motorisierung blieb die Krankenkutsche bis weit in die zwanziger Jahre ein gewohnter Anblick in den Städten wie auf dem Lande. – Im Galopp ging es ins Krankenhaus!

Räderbahre der Berufsfeuerwehr Wiesbaden 1902.

Sanitätsübung der Berufsfeuerwehr Wiesbaden, der seit 1904 das Unfall- und Krankentransportwesen vom Magistrat übertragen war, auf dem Hof der Feuerwache Neugasse im Jahre 1906. Im Hintergrund vier pferdebespannte Krankenwagen.

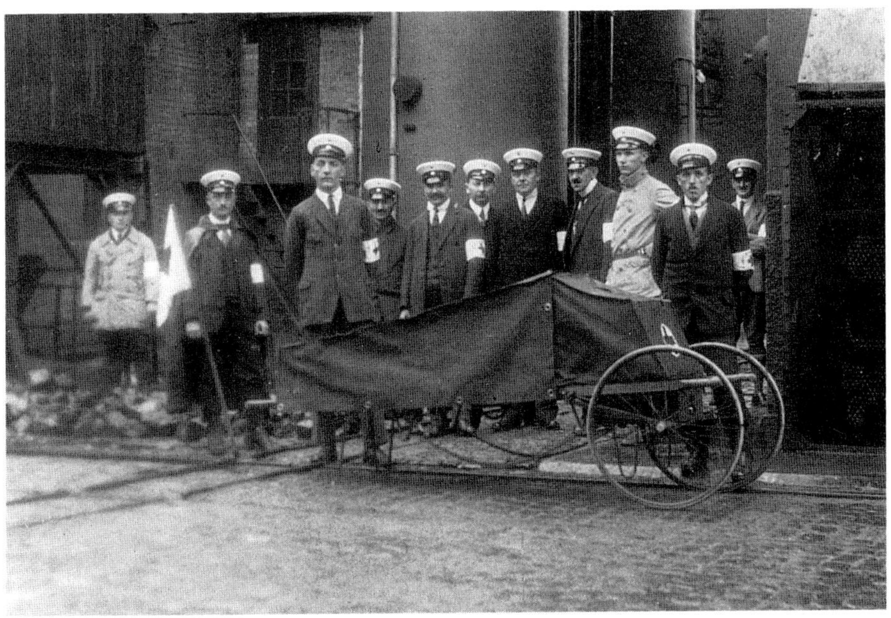

Noch 1925 in Gebrauch war diese Räderbahre der Sanitätskolonne der Werkfeuerwehr E. Merck in Darmstadt!

Krankenkutsche der Berufsfeuerwehr Wiesbaden. Die Aufnahme entstand 1910 auf dem Hof der Feuerwache Neugasse während einer Übung.

Zwischen zwei Fahrräder wurde von dieser Sanitätskolonne einfach ein Krankenstuhl (der stark an einen Liegestuhl erinnert!) montiert.

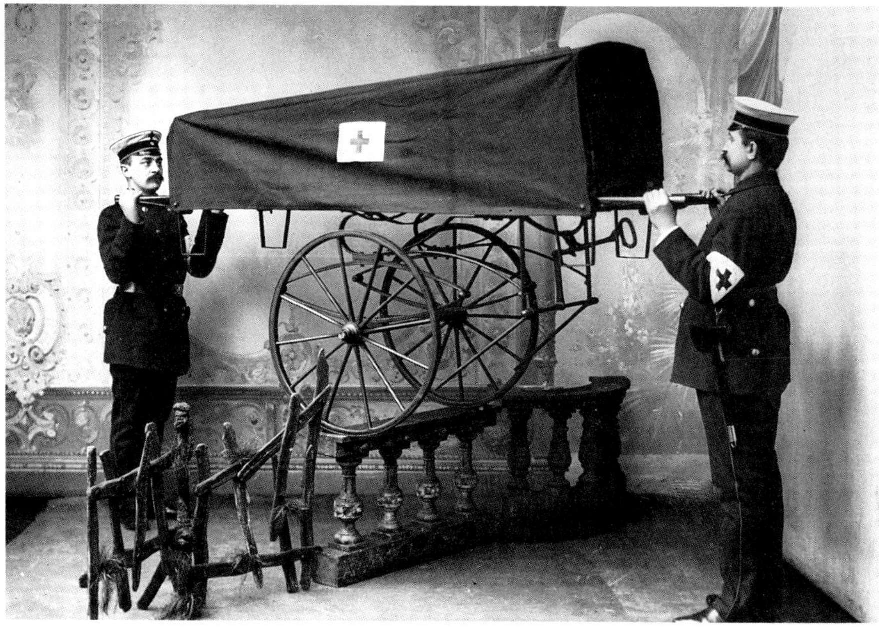

Räderbahre der Altona-Ottenser Colonne des Rothen Kreuzes, angefertigt von Firma Th. Dahl in Altona nach Angaben von Dr. Soltsien aus Altona, Stabsarzt d. L. a. D. und Vorsitzender der Colonne, 1894. Die eigentliche Bahre ist auf einem federnden Rädergestell festgeschraubt, doch nach Lösen von Schrauben vom Unterbau abzuheben. *(Bilder rechts)*

Dr. Soltsien befürwortete 1894 die Räderbahren: »In Zukunft werden die Räderbahren eine weit größere Rolle als bisher spielen und zwar aus folgenden Gründen: die meisten Städte, Dörfer u.s.w. sind nicht in der Lage, sich einen kostspieligen Krankentransportwagen anzuschaffen, deren von Rechtswegen immer zwei vorhanden sein sollten, nämlich einer lediglich für ansteckende Krankheiten. Der Transport im improvisirten Fuhrwerk ist aber nie zu empfehlen, weil derselbe in der Regel nicht mit der nöthigen Schonung für den Verletzten resp. Kranken bewerkstelligt werden kann und der Kranke allen möglichen Gefahren (Umwerfen, Durchgehen der Pferde, Verletzungen beim Ein- und Ausladen aus den meist einer Bremse entbehrenden Wagen u.s.w.) ausgesetzt ist.«

Für den Krankentransport der Stadt Braunschweig standen 1912 bei der Berufsfeuerwehr zwei Kutschen zur Verfügung. Der Einspänner links im Bild diente zur Beförderung von liegenden Kranken. Rechts im Bild die »Herzogskutsche«, so genannt, weil sie aus dem Besitz des Herzogs von Braunschweig stammte. Sie war allerdings nur für sitzfähige Kranke geeignet.

Kutschen mit Seitenbeladung für den Krankentransport der Stadt Hannover, den die Berufsfeuerwehr durchführte. Die Aufnahme entstand um 1895.

Krankenkutsche des Bayr. Landesverein vom Roten Kreuz.

Einspänniger Krankenwagen in Alt-Hamburg.

Im Jahre 1877 ging diese Aufgabe an das renommierte Hamburger Fuhrunternehmen *J. A. Schlüter Söhne* über. Die Polizeibehörde schloß mit ihm 1890 einen neuen Vertrag, der festlegte, daß die Beschaffung der Wagen für Rechnung des Staates erfolgte, die praktische Abwicklung der Krankenbeförderung jedoch der Firma Schlüter überließ. Die Behörde hatte zwei als Samariter ausgebildete Krankenträger für jede Krankenkutsche zu stellen. Diese Vertragsregelung brachte beiden Seiten Vorteile. Die Polizeibehörde, die – abgesehen von einer kleinen berittenen Abteilung – keine Pferde besaß, brauchte keine Wagen, Pferde und Kutscher vorzuhalten. Für die Firma Schlüter bedeutete die Übernahme der Gespanndienste eine gleichmäßigere Auslastung ihres gesamten Fuhrgeschäftes, zu dem um die Jahrhundertwende nicht weniger als 320 Pferde gehörten. Das galt besonders für die Wintermonate, in denen das Geschäft der Wagenvermietung schwach lief.

Schon zwei Jahre später sollte sich die getroffene Regelung außerordentlich gut bewähren. Hamburg wurde 1892 von einer verheerenden Cholera-Epidemie heimgesucht. Die Firma Schlüter stellte sofort zusätzlich 30 Landauer aus ihrem Fuhrpark zur Verfügung. Die Sitze waren herausgenommen und durch leichter desinfizierbare Holzkästen ersetzt worden. Während des Höhepunkts der Epidemie waren sogar 120 Gespanne mehrere Wochen Tag und Nacht unterwegs. Schlüter hatte seine Leistungsfähigkeit überzeugend unter Beweis gestellt.

Krankenbeförderung in Alt-Hamburg

Die erste behördlich veranlaßte Krankenbeförderung in Alt-Hamburg (als Altona und Harburg noch selbständige Gemeinden waren) ist für das Jahr 1850 nachweisbar. Mit einer von der Polizeideputation bei der »Lauenstein'schen Wagenfabrik« gekauften Kutsche übernahm ein Fuhrmann namens Hoppe in der (heute noch existierenden) ABC-Straße den Krankenbeförderungsdienst. Es handelte sich um einen »reichlich lang gebauten Landauer, in dessen Innerem eine bettartig hergerichtete, mit weicher Polsterung versehene Liegestatt eingebaut war. Erhebliche Nachteile waren es aber, daß infolge der hohen Bauart des Wagens der Kranke bei dem von der Seite her erfolgtem Einbringen zu beträchtlicher Höhe emporgehoben werden mußte, daß ferner kein Platz für einen Begleiter sowie keine Fenster vorhanden waren.«

Rettungswesen im alten Köln

In Köln gab es schon seit dem Jahre 1780 eine »Rettungsgesellschaft für Notfälle«, die vor allem im Hafengebiet bei Unfällen tätig wurde. Eine unter ärztlicher Leitung stehende Rettungsgesellschaft wurde auf Betreiben von Geheimrat Professor *Hubert Bardenheuer* vom »Allgemeinen Ärztlichen Verein« im Jahre 1899 gegründet. Bei Meldung eines schweren Unglücks nahm die Krankenkutsche der Feuerwache Apostelnkloster vom nahe gelegenen Bürgerhospital einen diensthabenden Arzt zur Unfallstelle mit. Professor Bardenheuer selbst ließ sich oft genug mit seinem Arztköfferchen hinkutschieren.

Kölns Branddirektor *Brüllow* schreibt im Jahresbericht der Feuerwehr für den Zeitraum vom 1. April 1899 bis 31. März 1900 über die Organisation des Rettungswesens: »In allen größeren Städten macht sich entsprechend den im Straßenverkehr und in den industriellen Betrieben immer häufiger vorkommenden Unfällen das Bedürfniß nach besonders eingerichteten Transportmitteln zum Zwecke der Krankenbeförderung mehr und mehr geltend und zwar um so dringender, als auch aus hygienischen Rücksichten die Krankenhäuser immer mehr aus der inneren Stadt in die Umgebung hinausgeschoben werden. Dieses Bedürfniß wurde auch seitens der Stadt Köln anerkannt und entsprechend einer Anregung des Herrn Geheimen Raths Professor Dr. Bardenheuer durch die Deputation für die städtischen Krankenanstalten beschlossen, zum Krankentransport mit bespannten Wagen überzugehen, da die bisher gebräuchlichen Handtransportwagen den in Bezug auf möglichst bequeme und rasche Beförderung der Kranken oder Verletzten zu stellenden Anforderungen nicht genügten. Da die Deputation auch gleichzeitig den Wunsch aussprach, daß diese Einrichtung am zweckmäßigsten und besten mit der Feuerwehr verbunden werden möge, so erhielt der Unterzeichnete den Auftrag, sich über die in den Städten Hamburg, Bremen und Altona in dieser Beziehung getroffenen Einrichtungen und die dort gesammelten Erfahrungen eingehend zu unterrichten.«

Das tat Branddirektor Brüllow denn auch, und seiner Empfehlung, zwei Krankenkutschen zu kaufen, wurde von der Deputation zugestimmt. Ein Krankenwagen wurde in Hamburg bestellt; er hatte die Form eines gewöhnlichen Landaulets, dessen Seitenwand zur Hälfte nach oben und unten geklappt wurde, um den Verletzten einzuladen.

Der zweite Krankenwagen wurde in München gebaut. Dazu noch einmal Branddirektor Brüllow: »Der Münchner Wagen hat die Form eines sogenannten herrschaftlichen Omnibus.« – Das war wohl als Qualitätshinweis zu verstehen. Die Einladung der Krankentrage erfolgte von der Rückseite aus. Beide Kutschen liefen auf Gummirädern und »haben eine vorzügliche Federung«. Ein dritter, noch vorhandener Wagen wurde für die Beförderung von Personen mit ansteckenden Krankheiten hergerichtet. Der »Hamburger Wagen« war an der Feuerwache Apostelnkloster eingestellt, der »Münchner Wagen« auf der Hauptfeuerwache in der Melchiorstraße.

Diese Kutsche nach Landauer Art war Kölns erster pferdebespannter Krankenwagen. Der in Hamburg gebaute Einspänner besaß gummibelegte Räder und Seitenbeladung. Die rechte Seitenwand konnte zur Hälfte nach oben und unten geklappt werden. Die Krankenkutsche wurde am 19. August 1899 an der Feuerwache Apostelnkloster in Dienst gestellt.

Rettungsgesellschaft und Samariterverein in Frankfurt

In Frankfurt am Main sorgten der »Frankfurter Samariter-Verein« und die »Frankfurter Freiwillige Rettungs-Gesellschaft« (F.F.R.G.) gemeinsam für den Transport erkrankter und verletzter Personen. Letztere unterhielt drei ständige Rettungswachen mit ununterbrochenem Dienst bei Tag und Nacht, die mit Heilgehilfen besetzt waren. Im Jahre 1899 ersetzte die F.F.R.G. ihre fahrbaren Tragen durch zwei Pferdekutschen. In seinem Buch »Rettungsgesellschaft vom Roten Kreuz e.V. Frankfurt am Main 1890–1930« schreibt *August Kunz* rückblickend:
»Die Vorzüge eines solchen Wagens, der eine Bahre und Sitzplätze für 5 Personen hatte und von einem Pferd gezogen wurde, lagen auf der Hand, da bei den alten fahrbaren Tragen und auch den zwischen zwei Fahrrädern montierten geschlossenen Bahren der Patient nicht dauernd beobachtet und ihm keine Hülfeleistung zuteil werden konnte. Ueberall, wo diese Fragen ernstlich geprüft wurden, ließ man die primitiven alten Transportmittel fallen und schaffte Wagen mit Pferdebespannung an.«
Hier beteiligte sich die Frankfurter Berufsfeuerwehr unter Branddirektor *Richard Schapler* erstmals am Rettungsdienst. Sie bot nämlich nicht nur an der Feuerwache Münzgasse Platz für beide Kutschen, sondern stellte auch Pferde und Kutscher der Feuerwehr zur Verfügung. Die erste Krankenkutsche stammte von der Wiener *Wagenbaufabrik Jacob Lohner,* die später durch ihre Radnabenmotoren (»System Lohner-Porsche«) weltbekannt werden sollte, die zweite von der Firma Kruck. Beide Kutschen besaßen Einladeöffnungen an den Längsseiten.
1903 wurde an der Feuerwache Burgstraße ebenfalls eine Rettungswache eingerichtet. Sie umfaßte neben der Remise für die Krankenkutsche Operations-, Ärzte- und Heilgehilfenzimmer sowie Dienstwohnungen für drei Heilgehilfen. Nach damaliger Auffassung stellte »die Wache in ihrer Einrichtung das Ideal einer Rettungsstation« dar. Das Frankfurter Rettungswesen wurde von der Stadtverwaltung als vorbildlich angesehen.

Bevor die erste Krankenkutsche angeschafft war, transportierte der Frankfurter Samariter-Verein die Kranken mit einer dieser Räderbahren. Die Aufnahme entstand 1898 im Garten der Sanitätswache Friedberger Landstraße 43.

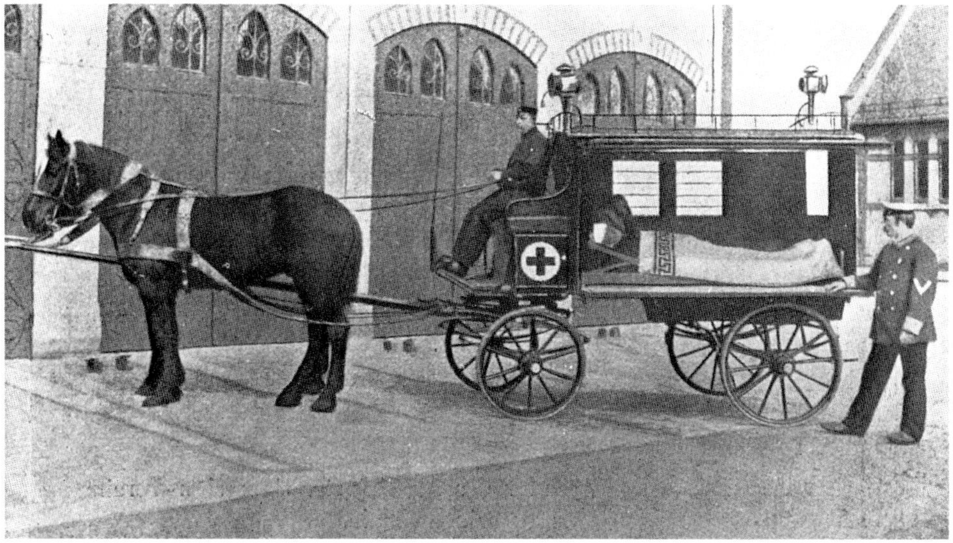

Bespannter Krankenwagen mit Seitenbeladung (»Rettungswagen No 1«) der Frankfurter Freiwilligen Rettungs-Gesellschaft im Jahre 1900 mit den Heilgehilfen Kohl und Pfister.

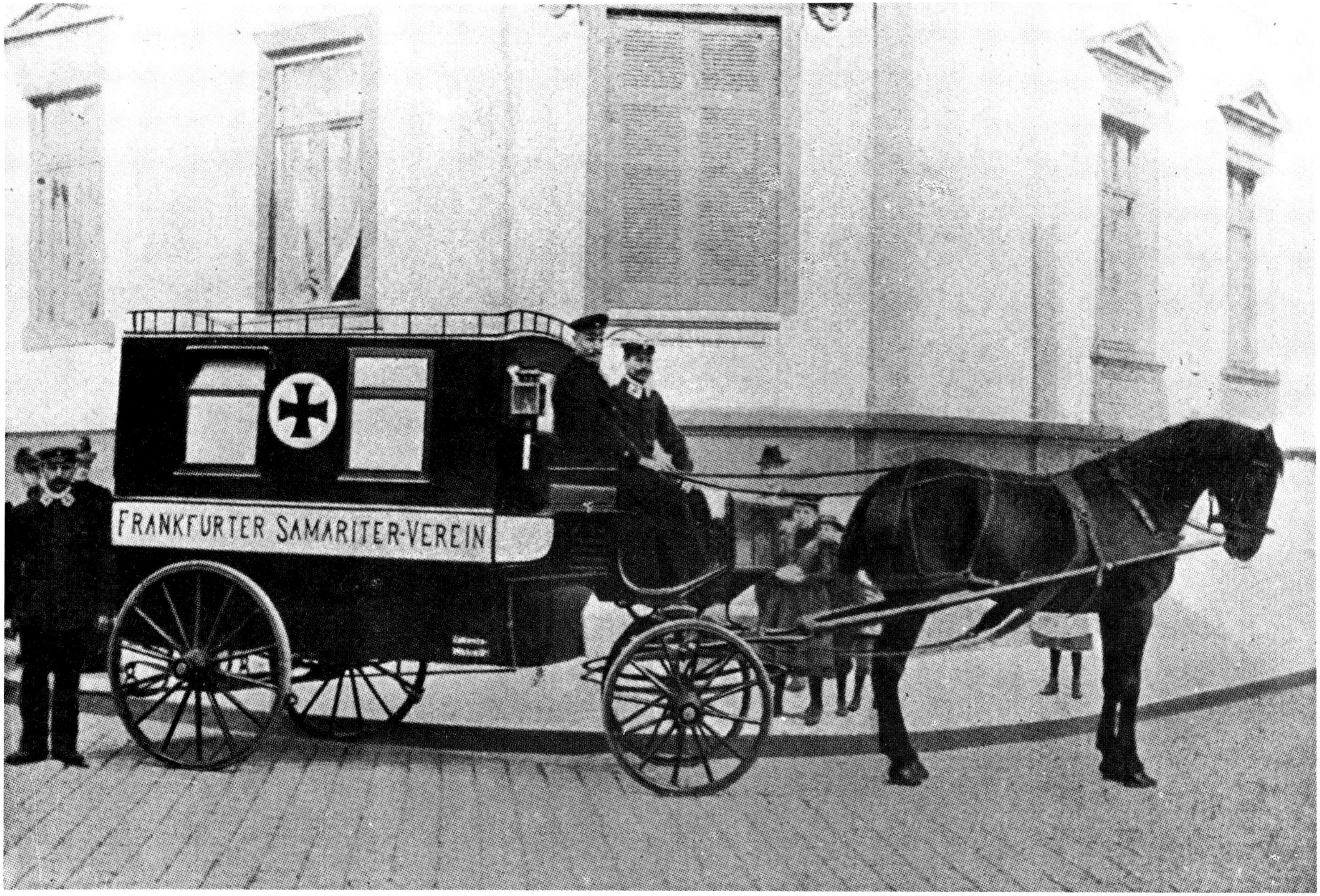

Bespannter Krankenwagen No 1 mit Heckbeladung des Frankfurter Samariter-Vereins um 1900 mit dem Feuerwehr-Kutscher Rindsfuß und den Heilgehilfen Wiedemann und Spieß.

Kapitel 2

Der Krankenwagen wird motorisiert

Elektro- oder Benzinautomobil?

Nach der Jahrhundertwende sah es eine Zeitlang so aus, als ob sich der Elektroantrieb gegenüber dem Verbrennungsmotor, der noch voller Kinderkrankheiten steckte, auf breiter Front durchsetzen würde. Eine ähnliche Entwicklung in diese Richtung war ja zum Beispiel bei den Feuerwehrfahrzeugen nicht zu verkennen. Ein gewichtiges Argument für das Elektromobil war seine weitgehende Geräuschlosigkeit. Im Frühstadium der motorisierten Krankenfahrzeuge war es zweifellos berechtigt, den erheblich ruhiger fahrenden Elektrowagen gegenüber einem Fahrzeug mit »Explosionsmotor« zu bevorzugen. Noch im Jahre 1911 erklärte der Berliner Branddirektor *Maximilian Reichel,* der als Koryphäe der Motorisierung in Deutschland galt, mit Überzeugung: »So lange ich an der Spitze des Berliner Korps stehe, werden die für den Stadtbetrieb bestimmten Löschzüge elektrischen Antrieb erhalten.«

Die Berufsfeuerwehr Köln beispielsweise erwarb 1908 einen elektromobilen Krankenwagen von den Kölner Elektromobilwerken Heinrich Scheele, ein Jahr später den zweiten. Beide waren an der Wache Apostelnkloster stationiert. Die Durchschnittsgeschwindigkeit von 20 km/h und ein Aktionsradius von 75 km wurden als durchaus genügend angesehen.

Um die geeignete Antriebsart wurde auch unter Medizinern debattiert. Dr. med. *Ahlemann* gehörte zu den Befürwortern des Benzinautomobils. Er verbreitete sich in der *Zeitschrift für Samariter- und Rettungswesen* Nr. 11/1908: »Soweit das flache Land und Städte ohne elektrische Kraftstationen in Betracht kommen, dürfte die Ueberlegenheit der Automobile mit Explosionsmotoren – kurzweg Benzinautomobile genannt – gegenüber den Elektromobilen wohl kaum bestritten werden. In den Großstädten dagegen kommt wiederum die Eigenart der letzteren zu hervorragender Geltung. Die Vorzüge der

»Lloyd« – Elektromobiler Krankenwagen der Berufsfeuerwehr Düsseldorf, 1911. Antriebsleistung 2×12 PS, Höchstgeschwindigkeit 25 km/h. Aufbau von Friedrich Köther, Düsseldorf. Dieser Krankenwagen blieb bis 1924 in Dienst. – Die Norddeutsche Automobil- und Motoren-Aktiengesellschaft (NAMAG) in Bremen-Hastedt war eine 1906 gegründete Tochterfirma des Norddeutschen Lloyd, die Elektro- und Benzinautomobile unter dem Markennamen »Lloyd« baute. Die NAMAG fusionierte 1914 mit den Hansa-Automobilwerken zur Hansa Llyod Werke AG.

Elektromobile sind lautloser Fahrbetrieb, das Fehlen jeder Erschütterung, einfache leichte Handhabung, Sauberkeit, Geruchlosigkeit und Manövrierfähigkeit auf kleinstem Raume.« Dagegen stellte Dr. Ahlemann als Nachteile den beschränkten Aktionsradius, leichte Betriebsstörungen durch Akkumulatorbeschädigung, Unrentabilität durch hohen Anschaffungspreis des Gesamtwagens, schnellen Verbrauch der teuren Akkumulatoren und starken Pneumatikverschleiß.
Das wiederum wurde von Dr. med. *von Oettingen* in der Feuerwehrzeitschrift »Feuer und Wasser« heftig bestritten. Er hielt dem Benzinautomobil folgendes Sündenregister vor: »Zunächst das entsetzliche Knattern des Motors, wenn der Wagen angetrieben wird, das Geräusch beim Fahren, das nie ganz zu beheben ist. Schon die Umständlichkeit zu Beginn der Fahrt, der Schreck, der dem Kranken eingejagt wird, wenn das Andrehen losgeht, sind erhebliche Nachteile. Die Behauptung, daß der entsetzliche Benzingeruch den im Wagen untergebrachten Kranken nicht erreiche, bedarf noch des Beweises.«
Und dann die »Feuersgefahr«, ein Nachteil, der »über den Benzinwagen fast den Stab bricht«, weil der Kranke im Benzinwagen in Lebensgefahr schweben kann, wenn er brennt. Dr. von Oettingen faßte zusammen: »Der Benzinwagen ist unsauber und entwickelt unangenehme (für empfindliche Kranke entsetzliche) Gerüche und Gase. Er muß mit Gepolter und Erschütterungen angetrieben werden, hat meist stoßenden Geschwindigkeitswechsel, wendet schwer. Er ist weder billiger im Betrieb noch in der Anschaffung und – last not least – schwebt der zu transportierende Kranke in beständiger Gefahr, bei lebendigem Leibe zu verbrennen. Nach alledem – und es handelt sich hier nur um Tatsachen – dürfte die Frage: Benzinautomobil oder Elektroautomobil? für die Zukunft beantwortet sein.«
Soweit dieser Gelehrtendisput, bei dem Dr. Ahlemann recht behalten sollte, und zwar sehr bald. Spätestens nach Ende des Ersten Weltkrieges hatte sich der benzinautomobile Krankenwagen endgültig durchgesetzt.

»Lloyd« – Elektromobiler Krankenwagen 1913.

»Lloyd« – Elektromobiler Krankenwagen 1913.

Elektromobiler Krankenwagen der Berufsfeuerwehr Köln im Jahre 1909. Hersteller waren die Kölner Elektromobilwerke Heinrich Scheele, die den ersten Krankenwagen ein Jahr zuvor an die BF Köln geliefert hatten.
Unter dem Fahrersitz war die 40-Zellen-Batterie 244 Ah, 80 Volt, mit einem Gewicht von 575 kg untergebracht. Der Antrieb auf die Hinterräder erfolgte durch zwei Hauptstrommotoren zu je 4 PS, die axial und federnd an der Hinterachse aufgehängt waren. Die Durchschnittsgeschwindigkeit betrug etwa 20 km/h, der Aktionsradius maximal 75 km. Das Gewicht dieses Krankenwagens, der eine Länge von 4,15 m und eine Breite von 1,91 m aufwies, wurde komplett mit 2400 kg angegeben.

Elektromobiler Krankenwagen der Stadt Rixdorf im Jahre 1910, betrieben von der Feuerwehr Rixdorf. Hersteller des Fahrgestells war die Daimler-Motoren-Gesellschaft in Berlin-Marienfelde, der Aufbau stammte von Kühlstein in Charlottenburg. Antrieb der Hinterräder durch Radnabenmotoren von je 10 PS Leistung. Unter der Haube eine 42-Zellen-Batterie mit 195 Ah. Fahrstrecke mit einer Batterieladung etwa 60 km.

Ein seltenes Fahrzeug dürfte dieser elektromobile Krankenwagen gewesen sein, der 1933 von der AEG für den Arbeiter-Samariter-Bund gebaut wurde. Die Zulassung »IY« bedeutet Regierungsbezirk Düsseldorf.

Der Verbrennungsmotor ist nicht mehr aufzuhalten

Von welcher Sanitätsorganisation zu welchem genauen Zeitpunkt der erste, von einem Benzinmotor angetriebene Krankenwagen in Dienst genommen worden ist, läßt sich heute nicht mehr mit Sicherheit sagen. Eines der ersten war ein Automobil der 1876 gegründeten »Freiwilligen Sanitäts-Kolonne« in München im Jahre 1906, das 18000 Mark gekostet hatte. Ein Jahr später fuhr es im Forstenrieder Park in den Graben, geriet in Brand und wurde durch das Feuer vollständig zerstört. Man ersetzte es im nächsten Jahr wieder durch ein Benzinauto.

Belegt ist auch ein sogenannter Samariterwagen der Berufsfeuerwehr Breslau, geliefert 1907 von der Automobilfabrik Otto Beckmann & Co in Breslau.

Mit Sicherheit ist anzunehmen, daß schon um die Jahrhundertwende einige Gemeinden und private Rettungsgesellschaften sich des Personenkraftwagens, der zum Zwecke des Krankentransports geringfügig verändert war, zumindest versuchshalber bedient haben. Es waren rein handwerklich gefertigte Einzelstücke, die ihr Vorbild in den pferdebespannten Landauern hatten.

Der 1. Internationale Kongreß für Rettungswesen im Frühjahr 1908 in Frankfurt am Main war mit einer Fachausstellung verbunden, die »bewies, daß das Krankenautomobil eine hervorragende Rolle zu spielen bestimmt ist, bzw. schon spielt« (Dr. von Oettingen).

Einen maßgeblichen Anteil an der Motorisierung hatten die deutschen Feuerwehren, die ja zur selben Zeit damit beschäftigt waren, die zu teuer gewordenen Pferdebespannungen bei den Spritzen und Drehleitern Zug um Zug abzuschaffen. Die hierbei gewonnenen Erfahrungen kamen dem Krankenwagenbetrieb unmittelbar zugute. Als Wegbereiter sind auch die Werkfeuerwehren im Reich zu nennen, die sich sehr früh eigene Krankenautomobile zulegten.

Anfangs gab es, wie zu erwarten, Widerstände. »Zwar wurden anfangs auch aus den Kreisen ernster Fachleute der Technik wie des Gesundheitswesens gewichtige Bedenken gegen die Motorisierung der Krankenwagen erhoben«, schreibt *Erich Hesse* in seinem Werk »Das Krankenbeförderungswesen im Wandel der Zeiten« und fährt fort: »die mit der zunächst recht mangelhaften Betriebssicherheit des Motors, der hieraus sich ergebenen Gefahr zusätzlicher Unfälle und mit bei größeren Fahrgeschwindigkeiten unausbleiblichen stärkeren Erschütterungen des Beförderten begründet waren.«

Ganze 54 Automobile für den Krankentransport verzeichnete eine Statistik aufgrund einer Umfrage bei 53 deutschen Städten mit mehr als 80000 Einwohnern noch im Jahre 1914, also bei Kriegsausbruch. Selbst die preußische Heeresverwaltung verfügte nur über ganze sieben Sanitätskraftwagen. Die Automobilisierung der Krankenwagen konnte erst in vollem Umfange nach dem Kriege einsetzen, wenngleich die große Finanznot der Gemeinden und freien Organisationen einer raschen Verbreitung zunächst hinderlich war.

Krankenwagen der Berufsfeuerwehr Braunschweig, Baujahr 1912. 14/30 PS Benz, 3,5 l Hubraum. Höchstgeschwindigkeit 75 km/h.

Krankenwagen eines »Verband für erste Hülfe«, Baujahr 1910. 10/18 PS Benz, 2,6 l Hubraum. Höchstgeschwindigkeit 45 km/h.

Krankenwagen der »Freiwilligen Sanitätskolonne Würzburg«, Baujahr 1913. Mercedes-Knight 10/30 PS der Daimler-Motoren-Gesellschaft. Man beachte die ovalen Fenster in der Trennwand und in der Rückwand sowie die Flügelwinker auf dem Dach.

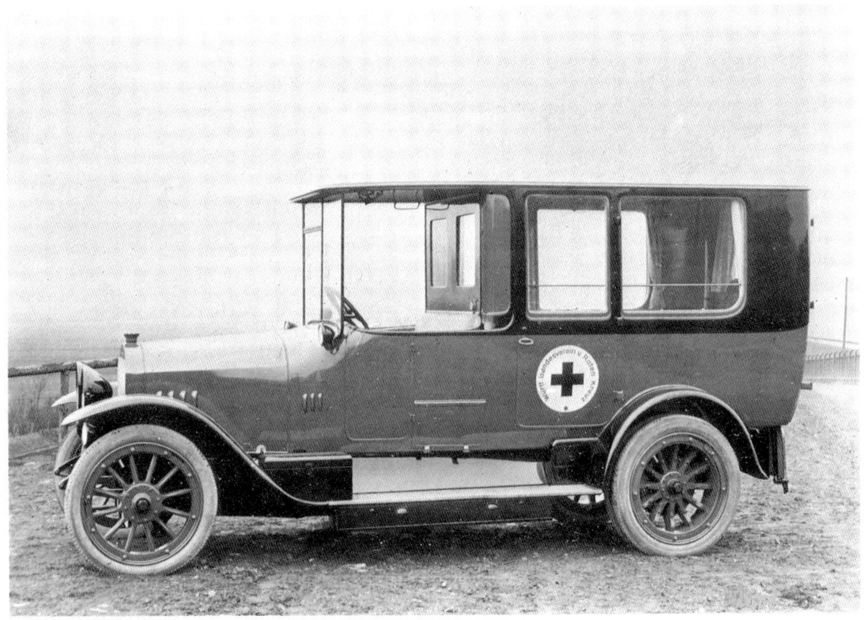

Krankenwagen des »Württ. Landesvereins v. Roten Kreuz«, Baujahr 1917. Mercedes-Knight 16/45 PS der Daimler-Motoren-Gesellschaft. Ausgestattet mit vier Tragen.

Krankenwagen Daimler Typ 12/32, Baujahr 1918. Vierzylinder-Reihenmotor, 3 l Hubraum, 32 PS.

Kapitel 3

Bereifung und Federung bereiten Kopfzerbrechen

Die prekäre Reifenfrage

Der patientenschonende Transport war und ist ein Kernproblem beim Krankenkraftwagen. Die weitaus schlechtere Straßenbeschaffenheit – üblich war Pflasterung – und die unzulängliche Bereifung in jener Zeit stellte die Krankenwagenhersteller vor schier unüberwindliche Schwierigkeiten. Und so beschäftigten sich auch viele Branddirektoren auf das angelegentlichste mit Reifenfragen. Erschwerend kam hinzu, daß nach dem Ersten Weltkrieg wegen Rohstoffmangel praktisch keine Gummibereifung aufzutreiben war. Notlösungen wie federnde Eisenräder mußten hingenommen werden. In einem Erfahrungsbericht äußerte der Dresdner Branddirektor *Friedrich Düwer* im Jahre 1918 dazu:

»Naturgemäß sind die Erschütterungen der mit Eisenreifen versehenen Wagen viel größer als bei Wagen mit Gummibereifung. Der zu befördernde Kranke oder Verletzte hat unter diesem Geräusch sehr zu leiden. Durch die harten Schläge bei unebenen Straßen und schlechtem Pflaster kamen verschiedentlich Vorderachschenkelbrüche vor. Auch leidet die Karosserie durch die Erschütterungen beträchtlich.«
Aber noch im Jahre 1925, als der Rohstoffengpaß längst überwunden war, beklagte sich der Königsberger Branddirektor *Hans Rumpf:*

»Inzwischen hat sich die Sorge um die Wahl der Bereifung eingestellt. Für einfache Luftbereifung, wie es wün-

Nicht weniger als zwei Ersatz-Reifendecken führte dieser Krankenwagen der Berufsfeuerwehr Köln mit! Mercedes 16/45 PS der Daimler-Motoren-Gesellschaft, Baujahr 1924.

schenswert wäre, ist der Hinterachsdruck zu groß, und versuchte man es trotzdem, so bekäme man einen sogenannten »Reifenfresser«. Vollgummi ist nicht angängig, Zwillingsbereifung infolge ihrer bekannten Nachteile nicht erwünscht, und so glaubt man schließlich in der Riesenluftbereifung das Richtige gefunden zu haben, um schon sehr bald festzustellen, daß dies ein Trugschluß war. Um es gleich vorweg zu sagen: So vorzüglich sich die Riesenreifen bei Schnellastkraftwagen, Omnibussen und Fahrzeugen mit entsprechender Belastung bewährt haben mögen, für Krankenwagen sind sie nicht geeignet. Der Grund hierfür liegt in dem hohen Luftdruck, unter welchem die Reifen, sollen sie nicht vorzeitig zerstört werden, gehalten werden müssen. Bei den für Krankenwagen in Frage kommenden Größen schreibt die Vorschrift das Halten eines Luftdrucks von 7–8 Atm. vor. Ein solch hoher Druck wirkt aber bei der für einen Riesenreifen verhältnismäßig geringen Belastung durch den Aufbau des Krankenwagens nicht als Luftpolster, sondern kommt in seiner Wirkung einem Vollgummi annähernd gleich.«

Die für den Krankentransport Verantwortlichen standen also vor technischen Problemen, von deren Ausmaß wir uns heute kaum eine Vorstellung machen können. Einen geeigneten Reifen auszuwählen, bereitet uns heute keine sonderliche Mühe, sofern einige Vorgaben wie Tragfähigkeit und Geschwindigkeitsbereich beachtet werden. Damals steckte die Reifentechnik eben noch in den Kinderschuhen …

Mit eleganten Weißwandreifen Marke »Continental Cord« war dieser Krankenwagen des Münchner »Städtischen Rettungsdienst« im Jahre 1930 bestückt. Audi 22/55 PS, Typ E.

Früh erkannt: das Federungsproblem

Eng mit dem Reifenproblem hing das Federungsproblem zusammen. An vielen Orten machte man sich Gedanken über die mögliche Verringerung der von der Straße herrührenden Erschütterungen, um das Los der Patienten zu erleichtern. Einen beachtlichen Beitrag leistete im Jahre 1928 der Kölner *Hans Stollenwerk* mit seinem »Original Stollenwerk Stabilisator«. Er hatte am 2. Mai 1919 in Köln-Lindenthal eine Firma gegründet, die sich mit dem Bau von Karosserien aller Art befaßte. 1926 wurde die Fertigung von Krankentragen und deren Lagerungsgestellen aufgenommen. Das Werk nannte sich nun »Fabrik für Krankentransportmittel«.

Am 23. Februar 1929 war Hans Stollenwerk unter der Nummer 512268 das Patent über eine »Abfederungsvorrichtung, insbesondere für Tragbahren in Krankenwagen« erteilt worden.

»Das Problem des Auffangens aller Erschütterungen beim Krankentransport ist gelöst«, verkündete seine Werbeschrift und erklärte weiter:

»Wer weiß, warum ein Auto trotz bester Federn und Stoßdämpfer die Insassen manchmal ganz gehörig durcheinanderrüttelt? – Und warum stößt ein Lastwagen bei voller Belastung weniger als unbelastet? Weil die Last stärker ist als die Stöße; sie drückt auf die Federn, die hierdurch die Möglichkeit bekommen. alle Stöße aufzunehmen. Beim Personen- und beim Krankentransportwagen ist das allerdings selten der Fall. Ihre Federn sind für eine ganz bestimmte Belastung berechnet, die aber meist nicht zutrifft. Wie aber ist es möglich, alle Stöße in horizontaler und vertikaler Richtung aufzufangen? Der Original Stollenwerk Stabilisator D.R.P. geht ganz neue Wege. Es ist ein Apparat, der nicht etwa den ganzen Wagen abzufedern versucht, sondern er hält lediglich den auf der Bahre liegenden Kranken frei von allen Stößen und Schwingungen. Konstruiert ist der Stabilisator nach dem Kniegelenkprinzip. So wie man beim Stehen im schlechtgefederten Wagen unwillkürlich in die Kniebeuge geht, arbeiten beim Stabilisator die Hebel.

Das Problem des Auffangens aller Erschütterungen beim Krankentransport ist gelöst:

Der Original Stollenwerk Stabilisator D. R. P.

geht ganz neue Wege. Es ist ein Apparat, der nicht etwa den ganzen Wagen abzufedern versucht, sondern er hält lediglich den auf der Bahre liegenden Kranken frei von allen Stößen und Schwingungen.

Die Idee bei Schaffung des Stabilisators war, einen Apparat zu bauen, der die für den Stoßauffang günstigsten Verhältnisse ständig beibehält. Die Last muß stärker (also schwerer) sein als die Stöße. Normalerweise ist sie das nicht. Deshalb wird beim Stabilisator diese Last (das Gewicht des Kranken) nach dem Prinzip des Hebelgesetzes so vervielfacht, daß sie die ungewöhnlich starken Federn d unter ständigem Druck hält. Das ermöglicht es den Federn, ganze Stoßreihen in sich aufzunehmen, ohne daß der Kranke etwas davon spürt.

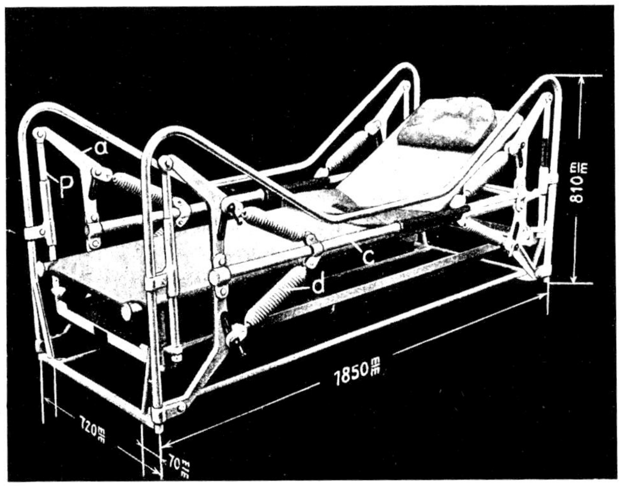

Orig. Stollenwerk Stabilisator
D.R.P. 512268 Modell LE für eine Person

Konstruiert ist der Stabilisator nach dem Kniegelenkprinzip. So wie man beim Stehen im schlechtgefederten Wagen unwillkürlich in die Kniebeuge geht, arbeiten beim Stabilisator die Hebel a. Wie Kniegelenke leiten sie den senkrechten Stoß in die waagerechte Richtung ab, wo er dann von den Federn d aufgeschluckt wird. Diese Arbeitsweise des Stabilisators verhindert auch jedes Stoßen und Rucken beim Anfahren und Bremsen sowie ein Nachschwingen der Bahre bei großen Unebenheiten. Seitliches Schwingen dagegen heben die Tragstangen P auf.

So einfach auch die Idee war, so viel Mühe und Arbeit hat es gekostet, sie in die Tat umzusetzen. Heute, nach 10jähriger Erfahrung, kann man den Stabilisator als schlechthin vollendet bezeichnen. - Er schluckt alles. Der Transport mit einem Stabilisator ist ein Schweben und Gleiten. Darum spricht man ja auch vom schwebenden Krankentransport im Original Stollenwerk-Stabilisator.

»Stollenwerk Stabilisator« – das Problem des Auffangens aller Erschütterungen beim Krankentransport ist gelöst! Der Firmenprospekt erläutert die Wirkungsweise dieser Einrichtung.

Wie Kniegelenke leiten sie den senkrechten Stoß in die waagerechte Richtung ab, wo er dann von den Federn aufgeschluckt wird. Diese Arbeitsweise des Stabilisators verhindert auch jedes Stoßen und Rucken beim Anfahren und Bremsen sowie ein Nachschwingen der Bahre bei großen Unebenheiten. Seitliches Schwingen dagegen heben die Tragstangen auf. – Der Transport mit einem Stabilisator ist ein Schweben und Gleiten. Darum spricht man ja auch vom *schwebenden Krankentransport.*«

Dipl.-Ing. *Schmitz,* Brandingenieur bei der Kölner Berufsfeuerwehr berichtete in der Zeitschrift »Feuerschutz« 1928 über den Stollenwerk-Stabilisator und auch der Berliner Oberbranddirektor *Gempp* kannte ihn. Er erwähnt ihn in seinem Vortrag am 10. März 1928 anläßlich der Internationalen Lastkraftwagen-Ausstellung in Leipzig:

»Die Ansichten über Federung gehen noch sehr auseinander. Bei dem Berliner Typ wird die ungefederte Bahre im einbahrigen Wagen einfach auf den Boden gestellt. Im vierbahrigen Wagen sind die ungefederten Bahren ohne Federung im Wagen eingehängt. Man beschränkt sich also hier lediglich auf die Federung im Fahrgestell. Anderswo verwendet man wieder gefederte Krankentragen. Besonders im Rheinland findet man wieder gefederte Bahrenaufhängung, so z. B. ist in Köln der *Stabilisator,* ein Gestell mit vier hebelartig wirkenden Federn, im Gebrauch.«

Heute verwendet man in Rettungswagen durchweg gefederte Tragentische mit Dämpfung. Der Stollenwerk-Stabilisator ist als Vorläufer dieser modernen Tragentische anzusehen.

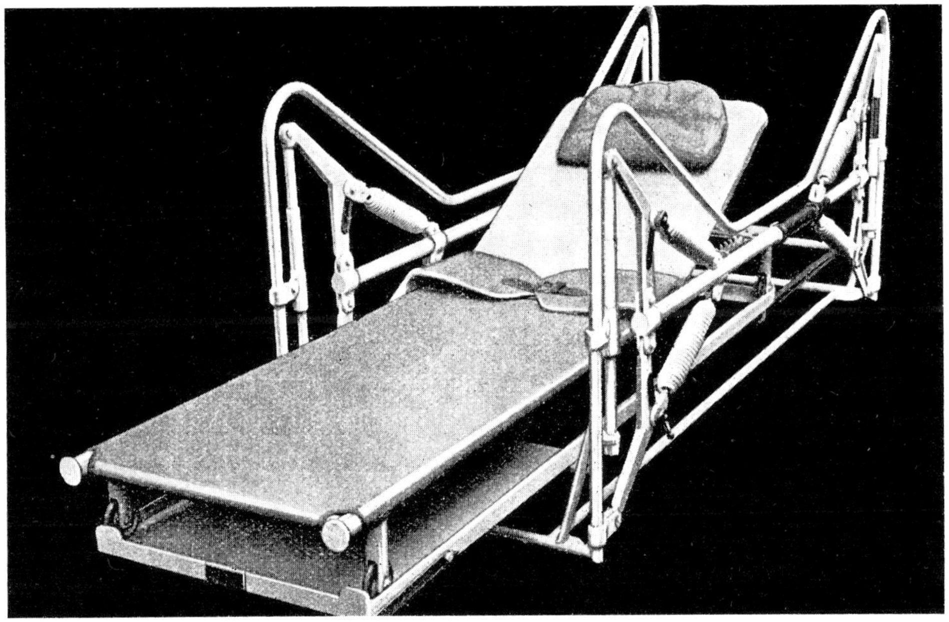

Aus dem Firmenkatalog: »Stollenwerk Stabilisator« Modell LE, mit acht Spiralfedern. Im Bild ist die Einladebühne herausgezogen.

Ein Krankenwagen der Berufsfeuerwehr Köln, ein Horch 8 Typ 303, ausgestattet mit dem »Stollenwerk Stabilisator«. Die Aufnahme entstand um 1926.

Kapitel 4

Langsamer Fortschritt in den zwanziger Jahren

Das Militär als Wegbereiter des Krankenautomobils

Vorreiter für den automobilen Krankenwagen im Deutschen Reich waren zweifellos die Militärverwaltungen. Für ihren Lazarettbedarf in den großen Garnisonsstädten verfügte das preußische Militär im Jahre 1914 allerdings lediglich über sieben Sanitätskraftwagen (»Sankw«). Nach Kriegsausbruch stifteten das Rote Kreuz, die Industrie, Versicherungen und einzelne Persönlichkeiten bereitwillig Krankenwagen oder stellten namhafte Geldbeträge für die Anschaffung zur Verfügung, so daß fast 500 – in der Ausstattung recht unterschiedliche – Fahrzeuge bereitgestellt werden konnten. Auch die rasch herzustellenden Anhängerfahrzeuge, zum Beispiel »System Mannesmann«, trugen dazu bei, die Lücke zu schließen. Im Herbst 1917 besaß die Armee schon 2303 Sankw, bis

Zu Beginn des Ersten Weltkrieges standen im Felde noch keinerlei motorisierte Krankenwagen zur Verfügung. Dieser hölzerne Pferdewagen bot 6 Liegenden notdürftig Platz, ohne daß während der Fahrt eine Betreuung möglich gewesen wäre.

Parade von zehn Sanitätskraftwagen 12/32 PS Daimler im Jahre 1916.

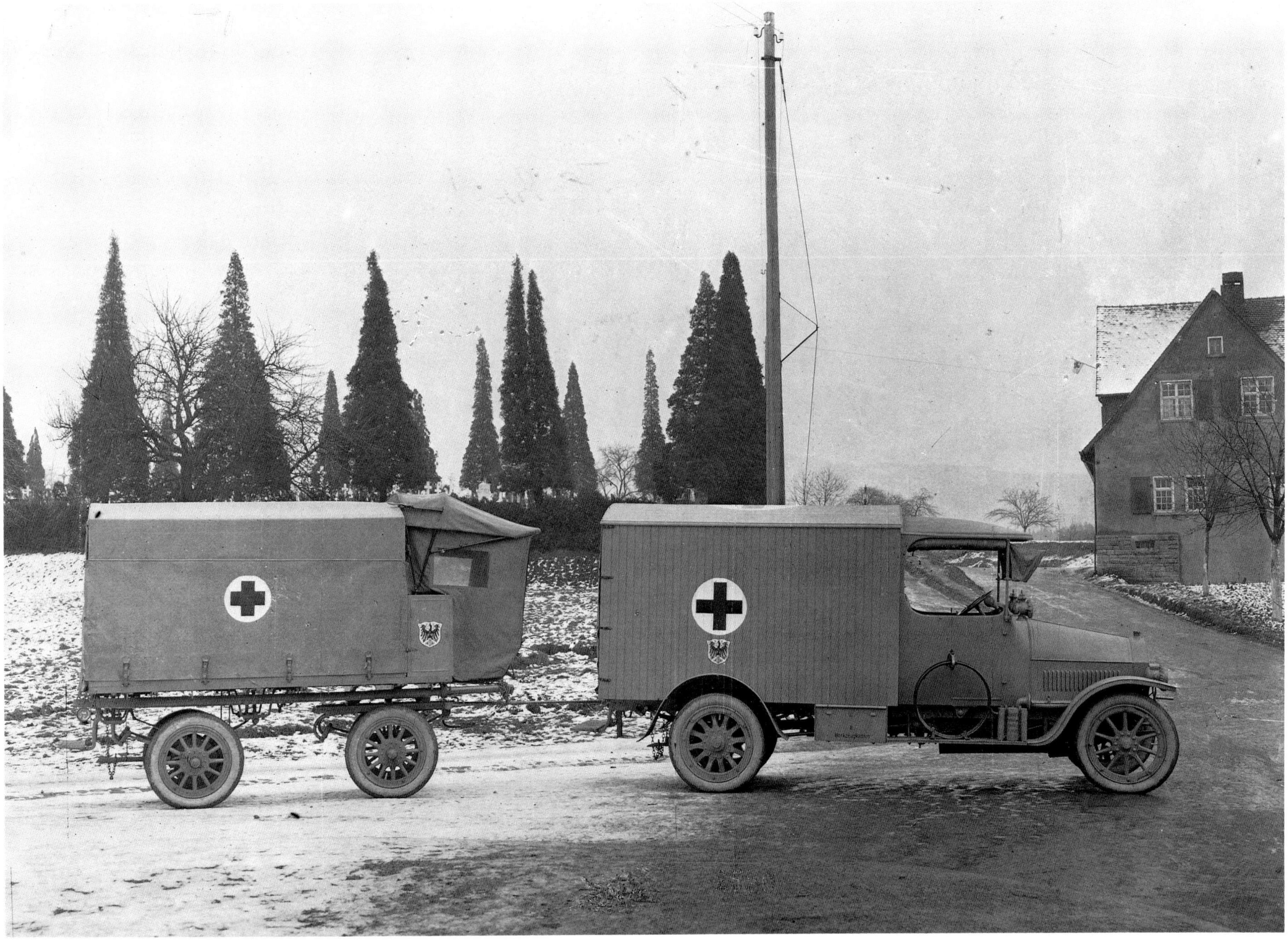

Sanitätskraftwagen des preußischen Heeres für 8 Tragen, mit Anhänger für Sanitätsmaterial und -geräte, Baujahr 1914.
20/25 PS Benz Typ KL, Kardanantrieb. Höchstgeschwindigkeit 40 km/h.

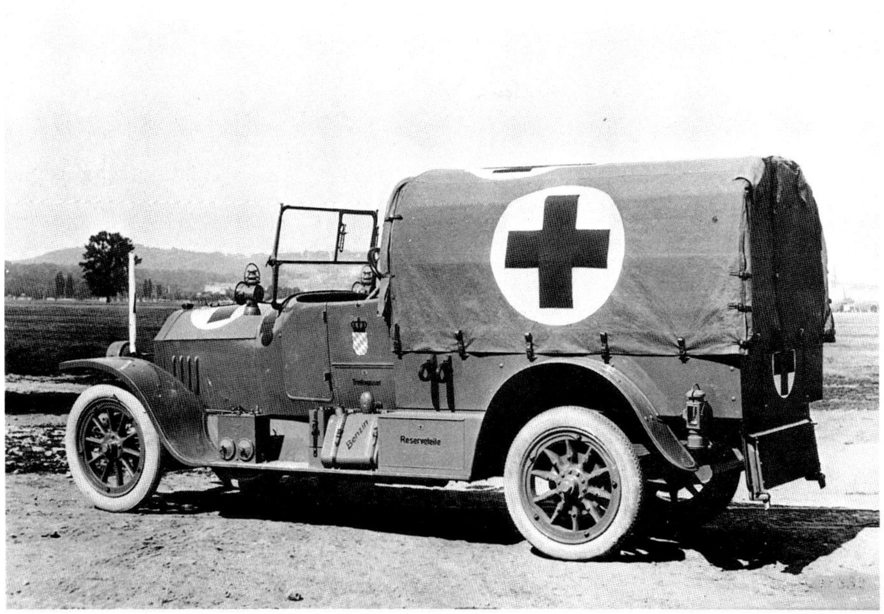

Sanitätskraftwagen Typ »Bayern«, offen, für 6 Tragen. 12/32 PS Daimler, Baujahr 1915.

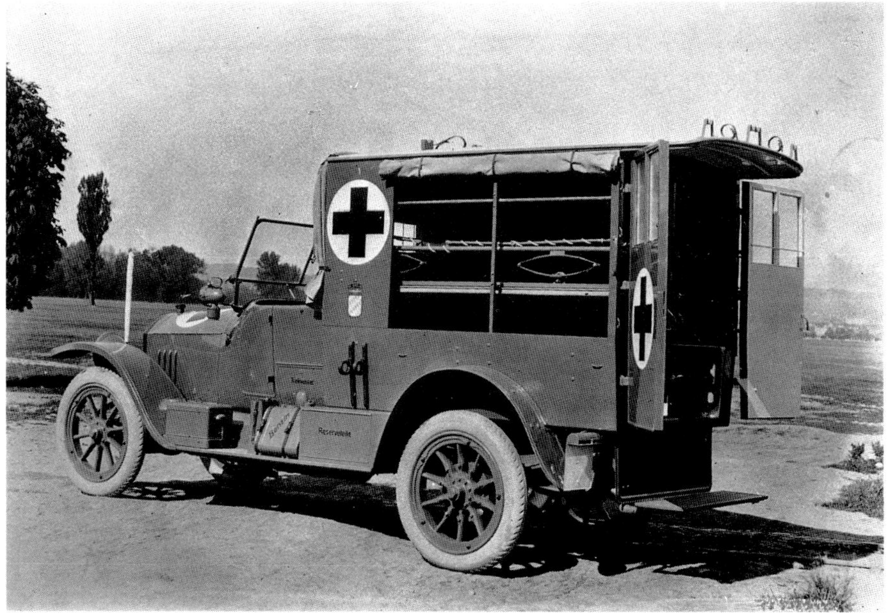

Sanitätskraftwagen Typ »Bayern«, offen, für 6 Tragen. 12/32 PS Daimler, Baujahr 1915.

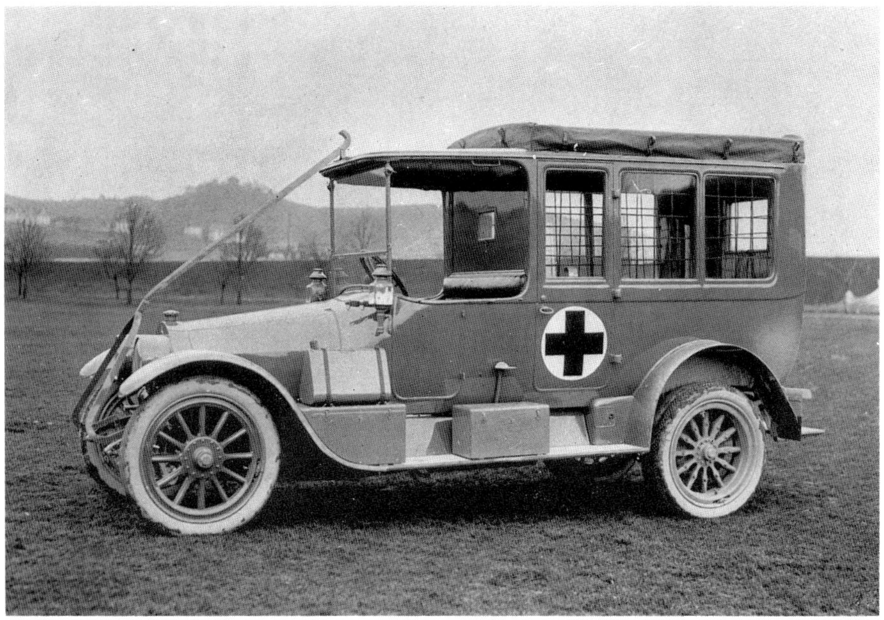

Sanitätskraftwagen 22/50 PS Daimler, Kettenantrieb, Baujahr 1913. Die vom Kühler bis zum Dach reichende Stahlschiene sollte zum Abweisen feindlicher Fangdrähte dienen!

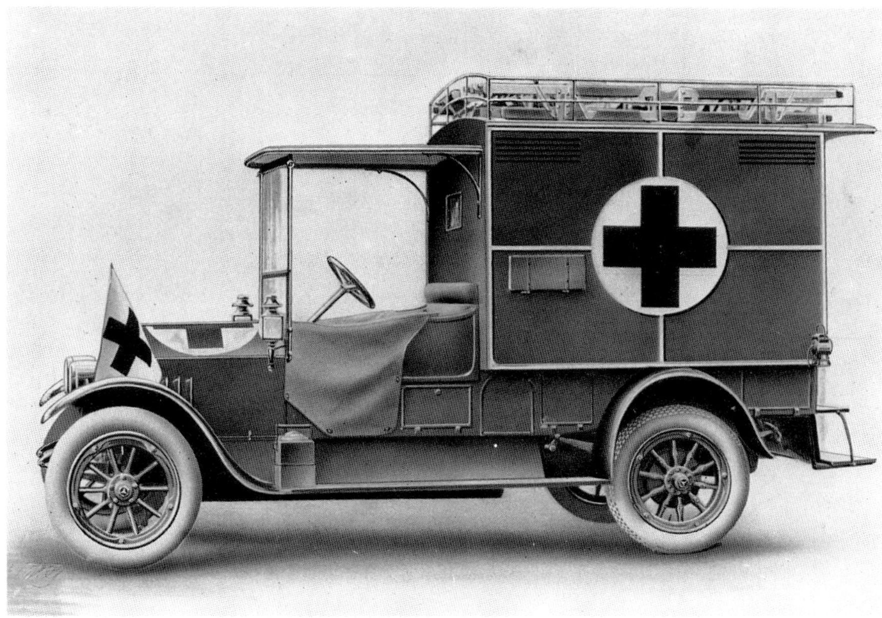

Sanitätskraftwagen des Kaiserlichen Hauptquartiers, 12/32 PS Daimler. Geliefert 1916. Der Krankenraum ist auch an den Seiten geschlossen!

Sanitätskraftwagen Typ »Bayern«, offen, jedoch mit überdachtem Fahrersitz, für 4 Tragen. Im Jahre 1915 wurden von diesem Typ 196 Stück geliefert.

zum Kriegsende erhöhte sich ihre Anzahl auf genau 3124. Die an sich vorliegenden idealen Voraussetzungen für eine weitgehende Vereinheitlichung von Fahrgestellen und Aufbauten, nämlich zentrale Auftragsvergabe und große Stückzahlen, wirkten sich indessen nicht in dem Maße aus, wie es eigentlich zu erwarten gewesen wäre. So aber war das Bild der Sanitätskraftwagen ähnlich uneinheitlich wie bei den zivilen Krankenwagen. Nur der Typ »Bayern« – mit 4 bis 6 Tragen – erfuhr größere Verbreitung. So wurden allein im Jahre 1915 von der Daimler-Motoren-Gesellschaft in Mannheim 196 Sanitätskraftwagen dieses Typs geliefert. Die meisten Sankw im Kriege bauten außer Daimler noch die Benz-Werke in Gaggenau, jeweils mit werkseigenen Aufbauten, die bewußt schlicht gehalten waren. Sie bestanden überwiegend aus Holz. Der Fahrersitz war in der Regel nicht überdacht.

Mit ihren offenen Seitenwänden, die notfalls mit Segeltuchplanen verschließbar waren, wiesen die Fahrzeuge eine fatale Ähnlichkeit mit Viehtransportwagen auf. Aber Kriegsgerät ist bekanntlich stets sehr einfach gehalten. Allein der Einsatzzweck bestimmte die Gestaltung und das äußere Bild dieses Krankenwagens.

Der Aufstieg des Automobils im allgemeinen Krankenbeförderungsdienst ist dem Militär mit zu verdanken.

Eine Modeerscheinung: die Seitenbeladung

Auf einmal tauchten sie als letzter Schrei überall auf: die Krankenwagen mit der Einladeöffnung auf der linken oder auf der rechten Wagenseite. Wer »modernen Krankentransport« bieten wollte, durfte die Krankentragen keinesfalls an der Fahrzeugrückseite einladen, so erschien es einem Außenstehenden. Wer damit angefangen hatte, ist nicht mehr so recht zu klären. Die Blütezeit lag wohl in den Jahren 1910 bis 1920.

Karl Goldschmidt aus Brünn erhielt bereits am 21. April 1896 vom Kaiserlichen Patentamt das Patent Nr. 92903 für einen Krankenwagen mit Seitenbeladung erteilt, dessen Seitenwände überdies von den (unbeladenen) Krankentragen gebildet werden sollten! Solcherart waren die in der Praxis verwendeten Seitenlader indessen zum Glück nicht! Ein zeitgenössischer Bericht in der Fachpresse um 1914 preist die seitliche Einladung: »Ein neues Krankenauto der Adlerwerke in Frankfurt zeigt eine gewisse Bequemlichkeit in Gestalt der seitlich zu öffnenden Wände, die den ganzen Innenraum freilegen und das Einsetzen und Herausholen der Bahren oder Betten wesentlich erleichtert.«

Tatsächlich war aber die Seitenbeladung gar nicht so praktisch, wie sie auf den ersten Blick erscheinen mag. Zunächst einmal erforderte sie eine veränderte Griff- und Hebetechnik von den beiden Trägern. Weiterhin schwächte sie zwangsläufig die Stabilität des ganzen Aufbaues, denn die sonst starre Seitenwand war ja durch eine bewegliche Klappe ersetzt, die überdies Abdichtungsprobleme aufwarf, die wohl nie vollständig zu beseitigen waren.

Nachdem der Straßenverkehr zugenommen hatte, mußte man feststellen, daß die Einladung auf der linken Wagenseite ohnehin nicht mehr sehr vorteilhaft war, sondern eher gefährlich. Stand man doch plötzlich mitten im Verkehr, kaum daß man den schützenden Gehweg verlassen hatte. – Und so verschwand die Seitenbeladung eines Tages ohne großes Aufsehen wieder . . .

Krankenwagen mit Seitenbeladung von rechts. Süddeutsche Automobilfabrik GmbH Typ 10/18 PS aus dem Jahre 1910.

Krankenwagen mit Seitenbeladung von links. Neue Automobil-Gesellschaft (NAG), etwa 1910. Elektrischer Hinterradantrieb. Aufbau wahrscheinlich von Franke, Magdeburg. Dieser Krankenwagen war bei der Berufsfeuerwehr Magdeburg in Dienst.

Krankenwagen mit Seitenbeladung von rechts. Süddeutsche Automobilfabrik GmbH Typ 10/18 PS, 1910.

Der Krankenwagen muß noch reifen

Der Berliner Oberbranddirektor *Gempp* hielt anläßlich der Internationalen Lastkraftwagen-Ausstellung in Leipzig am 10. März 1928 einen Vortrag über Feuerwehr- und Sanitätsfahrzeuge. Er berichtete über Krankenwagen aus der Sicht der Berufsfeuerwehren, denen zu dieser Zeit fast überall der Krankentransport angegliedert war:
»Als Fahrgestell der Krankenwagen verwendet man größtenteils das Personenfahrgestell mit 10–12 Steuer-PS-Motor. Neuerdings findet man auch häufig die Verwendung von Lastwagenfahrgestellen mit gleicher Motorenstärke. Die Lastwagenfahrgestelle haben einen größeren Radstand, und man kann deshalb den Kranken mehr in die Mitte des Wagens lagern.« Er meinte damit den bestgefederten Raum im Fahrzeug.
Bemerkenswert ist, was Gempp über das Äußere der Krankenwagen sagt: »Was das Aussehen des Aufbaues anbelangt, so stehen sich zwei Auffassungen gegenüber. Die einen sagen, man dürfe den Wagen nicht auffällig machen, um ihm seinen Schrecken (!) zu nehmen, die anderen sagen, er müsse auffallen, um ihn auf der Straße leicht zu erkennen, damit man ihm Platz macht. Die letztere Ansicht ist wohl die richtige. Neuerdings stattet man ja auch die Krankenwagen mit Signalinstrumenten, wie sie die Feuerwehr benutzt, aus, um ihnen das Vorwärtskommen zu erleichtern. Leider haben die Signale aber infolge der schlechten Straßendisziplin noch nicht den gewünschten Erfolg.« – Welch ein rücksichtsloser Verkehr in Berlin!
Die Notwendigkeit der Desinfektion von Krankenwagen war um 1925 noch nicht allgemein bekannt und anerkannt, denn es mußte noch öffentlich bemängelt werden, daß von vielen Firmen »noch immer Krankenwagen mit gepolsterten Sitzen, Fenstervorhängen, feststehenden Wäsche- und Medikamenten-Schränken ausgerüstet werden. Aus hygienischen Gründen sind diese Ausführungen zu verwerfen.«
Auch der Königsberger Branddirektor *Hans Rumpf* führte 1925 in der Feuerwehrfachpresse beredte Klage:
»Obwohl Krankenwagen noch mehr als andere automobile Fahrzeuge einer guten Federung bedürfen, kann man nicht sagen, daß dieser Forderung überall beim Bau derartiger Fahrzeuge in ausreichender und zufriedenstellender Weise Rechnung getragen würde. Der Krankenwagen ist im allgemeinen kein Fahrzeug, das man als Fertigfabrikat ab Fabrik fertig kaufen kann, sondern er wird auf Bestellung von Fall zu Fall gebaut. Da diese Spezialfahrzeuge nur für einen äußerst beschränkten Kundenkreis in Frage kommen und Bestellungen verhältnismäßig selten erfolgen, so haben auch große Automobilfirmen im Krankenwagenbau wenig Praxis, und die Erfahrungen sind keine allzu großen. Wäre es anders, so würden wir im Krankenwagenbau ähnliche, stetig fortschreitende Verbesserungen in Aufbau, Federung, Ausstattung usw. sehen, wie wir es z. B. bei den Feuerlöschfahrzeugen und den Personenwagen jahraus, jahrein gewohnt sind. Der automobile Krankenwagen von heute gleicht – abgesehen vom Motor und den mit diesem zusammenhängenden Verbesserungen – im wesentlichen dem der Vorkriegszeit.«
Ein anderer Zeitgenosse beklagte die Vielfalt der Fahrzeuge: »Übrigens ist die Ausführung der deutschen Sanitätsautomobile so buntscheckig, wie das Gesamtbild der ganzen europäischen Automobilindustrie, die vor lauter Wettbewerb, lauter kleinen Fortschritten, lauter Rücksichtnahme auf die Sonderwünsche und Sonderschrullen ihrer Abnehmer zu keinen bleibenden Formen und Konstruktionen, zu keiner großzügigen Serienherstellung, d.h. überhaupt auf keinen grünen Zweig kommt, sondern selbst in ihren wenigen großen Werken noch tief im handwerksmäßigen Betrieb drin steckt.«
Das mußte nicht gerade schmeichelhaft in den Ohren der einschlägigen Industrie klingen. Das Ministerium für Volkswohlfahrt, in dessen Zuständigkeit das Rettungs- und Krankentransportwesen fiel, änderte an dieser Misere auch nicht allzuviel, obwohl von ihm mit Runderlaß vom 5. Oktober 1926 »Grundsätze für den planmäßigen Aufbau und die Ordnung des Rettungs- und Krankenbeförderungswesens« an die Adresse der Oberpräsidenten bekanntgegeben worden waren. Unter Punkt *II.2 Beförderungseinrichtungen* wurden als notwendige Einrichtungen zu Lande gefordert:
»Vorhandensein von jederzeit abfahrbereiten Rettungstransportwagen in Großstädten und von möglichst schnell fahrbereiten Rettungstransportwagen in Mittel- und kleineren Städten, hier im Anschluß an die bestehenden Rettungsverbände, an die Feuerwehren und dgl., auch unter Benutzung von Krankentransportwagen oder von leicht zu solchen umzugestaltenden Lastkraftwagen bei den Kreiskrankenhäusern, Bereitstellung von fahrbaren Tragen bei den Rettungsstellen großen und kleinen Umfangs.«
Aus Rücksicht auf die wirtschaftliche Notlage der Gemeinden und Organisationen befürwortete man auch ausgesprochene Behelfstransportmittel. Da wurden zum einen die von der Industrie entwickelten Federeinhängungen gepriesen, mit deren Hilfe Krankentragen in Lastkraftwagen eingehängt werden sollten. Zum anderen fand man die zweirädrigen Anhänger für ein bis zwei Verletzte oder Kranke außerordentlich brauchbar, weil sie »an jedes beliebige Personenautomobil angehängt werden« konnten.
So war es denn nur zu begrüßenswert, daß im Jahre 1927 weitblickende Fachleute eine Normung von Krankenkraftwagen ins Auge faßten und vier Jahre später erste Ergebnisse vorlegten.

Der Krankenwagenbestand der Berufsfeuerwehr Altona im Jahre 1930 (erst 1937 verlor Altona seine Selbständigkeit und wurde mit Hamburg vereinigt).
Von links: zwei Adler ca. 1913, unbekanntes Fabrikat, ein Protos von ca. 1923, zwei NAG-Protos Sechszylinder ca. 1927. Die Zulassung »IP« bedeutet Schleswig-Holstein.

Krankenwagen 15/80 PS Stoewer 8 »Gigant«, Baujahr 1928. Achtzylinder-Reihenmotor 80 PS.

Krankenwagen der Rettungsgesellschaft Frankfurt a. M. Magirus 2 C 1, Baujahr 1925.

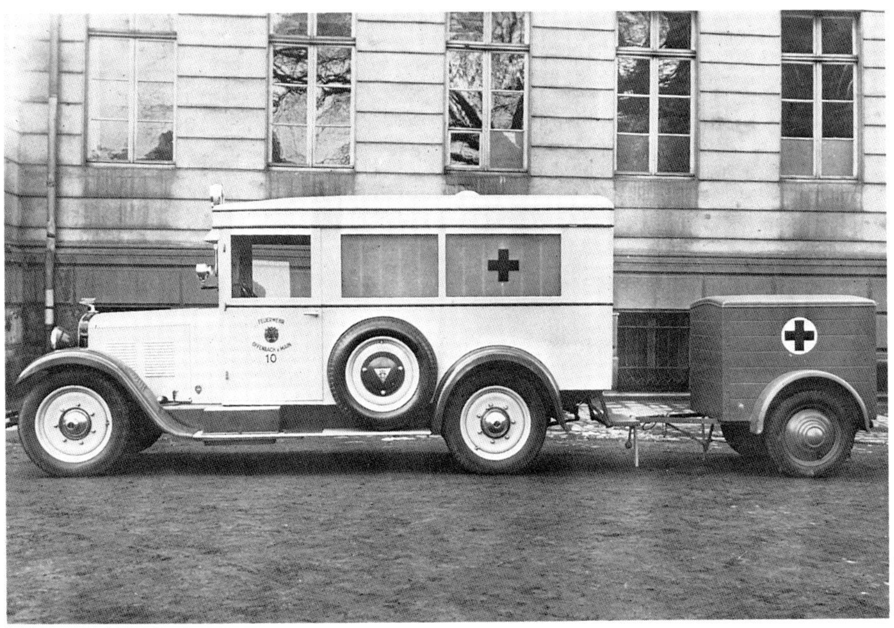

Krankenwagen der Feuerwehr Offenbach am Main mit Sanitätsanhänger. Adler L 6, Baujahr ca. 1930. Sechszylinder-Reihenmotor 50 PS.

Krankenwagen der Freiwilligen Sanitätskolonne Überlingen. 10/45 PS Protos Typ C 1, Baujahr ca. 1925. – Die Firma Protos wurde Ende 1926 an die Nationale Automobil-Gesellschaft NAG verkauft.

Zweitragen-Krankenwagen der Berufsfeuerwehr Düsseldorf. 22/70 PS Maybach Typ W 3, Baujahr 1927. Sechszylinder-Reihenmotor 70 PS. Aufbau von der Fahrzeugfabrik Friedrich Köther, Düsseldorf.

Krankenwagen der Berufsfeuerwehr Köln. Horch 8, Typ 303, Baujahr 1926, Aufbau von Papler, Köln.

Krankenwagen der Werkfeuerwehr Deutsche Erdöl-Aktiengesellschaft, Altenburg/Thüringen. 16/80 PS Horch 8, Typ 350, Baujahr ca. 1929. Achtzylinder-Reihenmotor 80 PS. Enthielt zwei Tragen übereinander und einen Sessel.

Horch 8, Typ 500 B, Baujahr 1932. Achtzylinder-Reihenmotor 100 PS. Dieser ehemalige Direktionswagen wurde von der Firma Kleye in Altenburg zum Krankenwagen umgebaut. Er besaß keine Trennwand, weil die Trage bis zum Beifahrersitz reichte, und diente hauptsächlich für Ferntransporte.

Krankenwagen der Werkfeuerwehr E. Merck, Darmstadt. Mercedes-Benz L 1000, Baujahr 1931. Sechszylinder-Reihenmotor 50 PS.
Die Zulassung »VH« bedeutet Hessen.

Sogenannter Landarztwagen, Mercedes-Benz Typ Stuttgart 200, Baujahr 1927. Sechszylinder-Reihenmotor 38 PS. Diese »Landarztwagen« konnten in Ausnahmefällen eine Krankentrage behelfsmäßig transportieren.

Dieser »Kleinkrankenkraftwagen« ist eine Entwicklung der Firma Miesen auf dem 1,3-l-Opel-Lieferwagen im Jahre 1934. Da die verfügbare Krankenraumlänge nur 1470 mm betrug, reichte das Fußende der Trage bis über den Beifahrersitz. Der Begleiter saß daher im Krankenraum links neben der Trage. Der Krankenwagen kostete komplett nur 2465 RM.

Blick in den »Landarztwagen« mit Behelfstrage auf der rechten Seite.

Krankenwagen auf Opel Admiral, gebaut von 1938 bis 1939 von Miesen. Für damalige Zeiten war der Wagen mit seinem Sechszylinder-Motor, der 75 PS leistete, sehr gut motorisiert, aber dennoch verhältnismäßig preiswert. Die viertürige Limousine kostete 6500 RM.

Opel-Krankenwagen der Werkfeuerwehr E. Merck in Darmstadt im Jahre 1927. Der Wagen ist weißlackiert und besaß sogar Weißwandreifen!

Krankenwagen auf Opel 15/60 der Werkfeuerwehr Deutsche Erdöl-Aktiengesellschaft in Altenburg/Thüringen. Das gebrauchte Fahrgestell war 1924/25 preiswert erworben und von der Firma Kleye in Altenburg zum Krankenwagen umgebaut worden. Die Einrichtung erfolgte nach Plänen des Leiters der Werkfeuerwehr, Helm. Auf der rechten Seite waren zwei Tragen übereinander angeordnet, die obere auf einem Klappboden. Im Wandschrank ein Inhalationsgerät. Der Krankenwagen wurde 1927 in Dienst gestellt.

Kapitel 5

Die Jahre bis zum Zweiten Weltkrieg

DIN FANOK: die Normung beginnt

Als erstes Land in Europa legte Deutschland allgemeinverbindliche technische Anforderungen an Krankenwagen in Normen fest. Sie betrafen den Krankenwagen mit 4 Tragen und einen Krankenwagen mit 2 Tragen. Gemeinsame Herausgeber der beiden Normblätter waren der Fachnormenausschuß Krankenhaus (FANOK) und der Fachnormenausschuß der Kraftfahr-Industrie (FAKRA) im Deutschen Normenausschuß (DNA).
Obmann der Gruppe Krankentransportwagen im FANOK war ein anerkannter Fachmann, nämlich Dr. *Paul Frank,* Direktor des Rettungsamtes der Stadt Berlin. Die Normungsarbeiten wurden 1927 aufgenommen. Als erste erschien im September 1931 DIN FANOK 20 »Krankenkraftwagen für 4 liegende Kranke« (später: DIN 13020), zwei Jahre später, im September 1933, folgte DIN FANOK 26 (DIN 13026) »Krankenkraftwagen für 2 liegende Kranke«.
Grundforderungen für beide Fahrzeugtypen waren vor allem die Aufteilung des Aufbaues in einen Krankenraum und einen »Führersitzraum«, die durch eine Trennwand mit Schiebefenster voneinander abgeteilt sein mußten, eine Doppelflügeltür am Heck sowie eine Seitentür rechts – alles Merkmale, die sich bis heute nicht geändert haben.
Für den Viertragenwagen wurde speziell festgelegt: Je zwei Tragen sind rechts und links übereinander zu la-

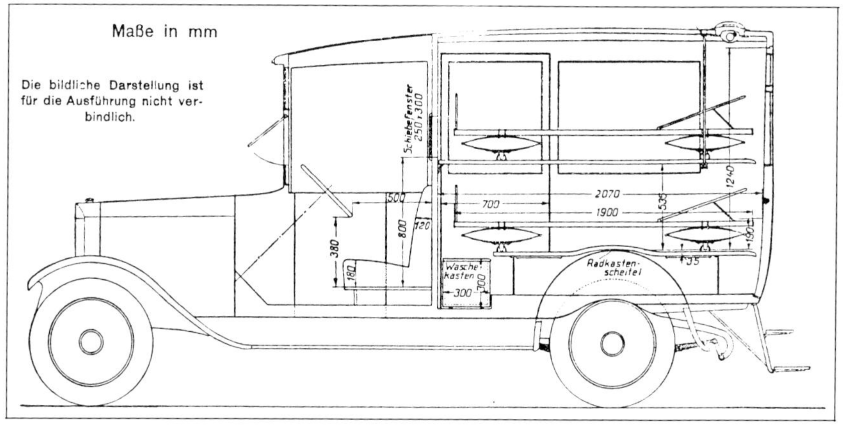

Im September 1931 wurde die erste deutsche Norm für Krankenkraftwagen vom Deutschen Normenausschuß veröffentlicht. Die gemeinsam vom Fachnormenausschuß Krankenhaus und Fachnormenausschuß der Kraftfahrindustrie erarbeitete DIN FANOK 20 legte Anforderungen an »Krankenkraftwagen für 4 liegende Kranke« fest. Auf Seite 2 der Norm war der Längsschnitt eines schematisch dargestellten Krankenkraftwagens mit den wichtigsten Abmessungen abgebildet.

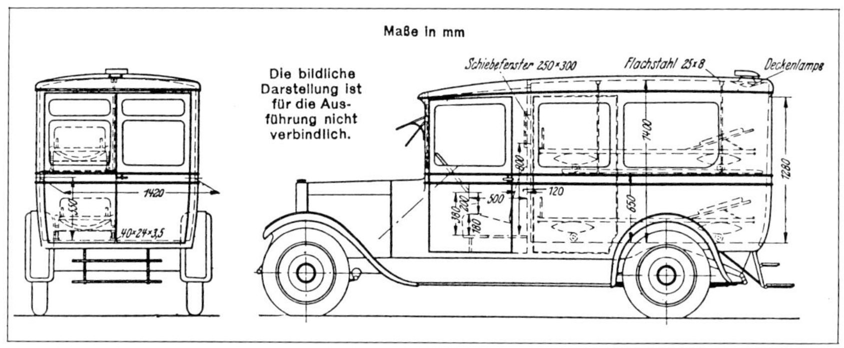

Im September 1933 folgte die Norm DIN FANOK 26 »Krankenkraftwagen für 2 liegende Kranke«. Die einzuhaltenden Innenabmessungen waren aus Längs- und Querschnitt eines schematisch dargestellten Krankenwagens zu entnehmen.

Der Fahrzeugpark des Münchner »Städtischen Rettungsdienstes«, der seit dem 1. Oktober 1920 der Berufsfeuerwehr München als eigene Abteilung angegliedert war, bestand aus verschiedenen Fabrikaten. Von links: Mercedes-Benz 300 (oder 320, 350), NAG, Benz, Benz, Audi 22/55 PS, unbekanntes Fabrikat, Mercedes-Benz 300 (oder 320, 350). Das Foto entstand um 1930 auf dem Hof der Hauptfeuerwache in der Blumenstraße. Am 1. Oktober 1943 wurde der Rettungsdienst dem Deutschen Roten Kreuz übergeben.

Krankenwagen Magirus M 20, Baujahr 1933.

Krankenwagen des Münchner »Städtischen Rettungsdienstes« um 1930. Mercedes-Benz Typ 300 oder 320 (Sechszylinder-Reihenmotor 55 PS) oder Typ 350 (60 PS).

Krankenwagen der Feuerlöschpolizei Tilsit. Magirus M 20, Baujahr 1935.

Zweitragen-Krankenwagen der Sanitätskolonne Pfullendorf. Ford V 8, Baujahr 1936. Radstandsverlängerung durch Firma Clerck, Wuppertal. Aufbau von Miesen.

Krankenwagen Phänomen Granit 25 (40 PS) bzw. Granit 30 (56 PS), Baujahr 1937. Aufbau von Miesen. Die Phänomen-Werke Gustav Hiller AG in Zittau priesen ihr Produkt in einer Anzeige von 1934 folgendermaßen an: »Der zuverlässige Krankentransportwagen – wetterhart, pflegeanspruchslos, betriebsbillig.«

Krankenwagen der Werkfeuerwehr A.-G. für Stickstoffdünger, Knapsack, Bezirk Köln. Horch 8, Typ 830 BL (L = Lang, Radstand um 150 mm verlängert), Baujahr 1935. Aufbau von Miesen. Das Fahrzeug besaß einen Achtzylinder-V-Motor mit 75 PS und eine für die damalige Zeit sehr fortschrittliche Doppelgelenk-Hinterachse.

gern. Die oberen Tragenlagerungsgestelle sollen bei Nichtgebrauch an die Wand geklappt werden. Das Aufbaugerippe muß aus Buchenholz hergestellt und mit mindestens 1 mm dickem Stahlblech verkleidet sein, die Innenwände mit mindestens 0,9 mm dickem Zinkblech spritzwasserdicht ausgekleidet sein. Je ein feststehendes Seitenfenster rechts und links aus Mattglas im hinteren Teil des Aufbaues sowie ein weiteres Seitenfenster links gegenüber der Seitentür sorgten für natürliche Belichtung des Krankenraumes. Sehr fortschrittlich erscheint auch aus heutiger Sicht die Forderung nach einer Frischluftheizung, die vom Krankenraum und vom Führersitzraum eingestellt werden kann.
Ausdrücklich wurde Linkssteuerung des Fahrzeugs vorgeschrieben, die zur damaligen Zeit durchaus noch nicht allgemein üblich war. Das Fahrzeug, insbesondere seine

Krankenwagen der Stadt Bocholt. Wanderer W 26, Baujahr 1938. Sechszylinder-Reihenmotor 62 PS. Aufbau Fahrzeugwerke Lueg, Bochum.

Viertragen-Krankenwagen Opel Blitz 1,5 t, Baujahr 1937. Sechszylinder-Reihenmotor mit 2,5 l Hubraum, 55 PS. Aufbau von Miesen. Im Kasten auf dem Dach ist Platz für eine Trage und Auflagematratze.

Krankenwagen der Feuerlöschpolizei Greifswald. Hansa-Lloyd 2 t, Baujahr 1937. Aufbau von Magirus.

Federung, mußte für eine Besetzung bis zu 10 Personen ausgelegt sein.

Ähnliche Forderungen wurden auch für den Zweitragen-Krankenkraftwagen erhoben. Bei diesem waren die beiden Tragen auf der linken Seite übereinander gelagert, während sich auf der rechten Seite ein Klappsitz mit Rückenlehne befand. Das Fahrzeug war für eine Belegung von maximal 6 Personen ausgelegt.

Über die Unterbringung der Sanitäter im sogenannten Führersitzraum machte man sich einige Sorgen: »Der Führersitz muß so ausgeführt sein, daß große und beleibte Personen mit Winterkleidung ausreichend Platz haben und beim Schalten nicht behindert werden.« Mit diesen beiden Normblättern waren für Hersteller und Anwender verbindliche Grundlagenwerke geschaffen worden, die formell sogar bis weit nach Ende des Zweiten Weltkrieges Bestand haben sollten.

DRK-Einheitskrankenwagen Opel Blitz 1,5 t vor der Auslieferung bei der Firma Miesen in Bonn. Die Zulassung »IX« bedeutet Provinz Westfalen.

DRK-Einheitskrankenwagen Mercedes-Benz 170 V der Kreisstelle Cottbus Stadt, 1944. Die Zulassung »RK« bedeutet Deutsches Rotes Kreuz.

Die Einheitskrankenwagen des DRK

Bisher nahmen das Krankenbeförderungswesen im Reich das Rote Kreuz (alle deutschen Vereinigungen vom Roten Kreuz waren am 25. Januar 1921 zum Deutschen Roten Kreuz [DRK] e. V. zusammengeschlossen worden), die Gemeinden, Feuerwehren und einzelne Privatunternehmer wahr. Diese Vielfalt beendeten die Nationalsozialisten mit zwei Erlassen. Mit Runderlaß des Reichs- und Preußischen Ministers des Innern vom 10. Februar 1938 wurde das Deutsche Rote Kreuz zunächst mit der »Wahrnehmung des gesundheitlichen Rettungsdienstes in allen seinen Teilgebieten« beauftragt. Und am 30. November 1942 wurde ein »Erlaß des Führers über die Vereinheitlichung des Krankentransportes« veröffentlicht. Er lautete lapidar: »Für den Bereich des zivilen Gesundheitswesens wird der Krankentransport einheitlich dem Deutschen Roten Kreuz übertragen.«

Eine Verordnung vom 18. Januar 1943 zur Durchführung dieses Erlasses verfügte, daß die zur Zeit mit dem Krankentransport befaßten Behörden, Körperschaften des öffentlichen Rechts, öffentlichen Betriebe usw. »ihre beweglichen Einrichtungen für den Krankentransport dem DRK auf Verlangen zu Eigentum gegen Entschädigung zu übertragen« hatten. Überall im Reich wurden daraufhin die Krankenwagen der Gemeinden, Feuerwehren und anderer Betreiber dem DRK übergeben.

Da nunmehr das zivile Rettungs- und Krankentransportwesen in die alleinige Zuständigkeit des DRK gefallen war, konnte und mußte die technische Entwicklung von Krankenkraftwagen in erheblichem Maße von ihm beeinflußt werden, mit dem Ziel einer weitgehenden Vereinheitlichung aller Fahrzeuge. In enger Zusammenarbeit mit der einschlägigen Industrie, insbesondere was den Aufbau betraf, entwickelte das DRK in seinen Konstruktionsbüros in Potsdam-Babelsberg vier Typen von *Einheitskrankenwagen.* Sie wurden vor allem von den *Fahrzeug- und Karosseriewerken Christian Miesen* in Bonn, der *Aug. Nowack AG* in Bautzen, der *Gläser-Karosserie*

Während der Leipziger Frühjahrsmesse vom 2. bis 16. März 1941 waren die DRK-Einheitskrankenwagen ausgestellt. *Von links:* Großeinsatzwagen (MAN), zwei Viertragen-Krankenwagen (Opel Blitz 1,5 t), Eintragen-Krankenwagen (Mercedes-Benz 170 V) und Zweitragen-Krankenwagen (Mercedes-Benz 290). Die Zulassung »IZ« bedeutet Rheinprovinz.

DRK-Großeinsatzwagen. MAN 120 PS, Omnibusaufbau in geschweißter Ganzstahlausführung von Miesen. Der Raum bot entweder Platz für 32 Sitzende oder für 18 Krankentragen. In einer weiteren Variante konnte im vorderen Bereich ein Behandlungsraum eingerichtet werden, während im rückwärtigen Teil noch 6 Krankentragen untergebracht wurden *(s. auch Bild oben).*

DRK-Einheitskrankenwagen Mercedes-Benz 170 V mit Krankentransportanhänger am Potsdamer Platz in Berlin im März 1941. Die Zulassung »IA« bedeutet Reichshauptstadt Berlin.

GmbH in Dresden, der *Karosseriewerk Kühn & Co KG* in Halle a. d. Saale und von den *Horch-Werken* in Zwickau gebaut.
Zwei Krankenwagen-Typen waren zur Aufnahme von je einer Krankentrage geeignet. Hierfür wurden der DKW F 8 und der Mercedes-Benz 170 V ausgewählt. Der dritte Typ war für drei Tragen bestimmt und konnte noch auf der Basis eines großen Pkw-Fahrgestells dargestellt werden. Für den vierten Typ schließlich, einen Krankenwagen mit 4 Tragen, kam nur ein Lkw mit entsprechend geräumigem Aufbau in Frage. Das DRK entschied sich für den Opel Blitz 1,5 t.

Die Eintragenwagen

Der Krankenraum konnte vom Fahrerraum aus räumlichen Gründen nicht durch eine Wand abgetrennt werden. Die Trage wurde auf der rechten Fahrzeugseite mit Hilfe einer Schiebedrehbühne ein- und ausgeladen. Der Begleitersitz befand sich in der linken Wagenhälfte. – »Durch äußerst sinnreiche Ausnutzung aller Winkel und Toträume ist es gelungen, eine erstaunlich große Anzahl von Schränken und Schubladen einzubauen, die zur getrennten, durch Beschriftung gekennzeichneten Aufnahme von Wascheinrichtung, Verbandstoffen und Sanitätsmaterial, Steckbecken, reiner und schmutziger Wäsche, Arm- und Beinschienen, Instrumenten für den Arzt, Desinfektionsgerät und Gasmasken dienen«, lobte das DRK. Der Innenraum war mit säurefest lackiertem Sperrholz verkleidet, der Fußboden mit Linoleum ausgelegt und die Decke mit weißem Stoff ausgekleidet. Der äußere Anstrich war hellgrau.

Der Dreitragenwagen

Das Führerhaus wies drei Sitzplätze auf und war vom Krankenraum durch eine Trennwand mit Fenster abgeteilt (wie auch in DIN FANOK gefordert). Auf der linken Fahrzeugseite war ein Tragengestell eingebaut, das zwei Tragen übereinander aufnahm, auf der rechten Seite konnte eine weitere Trage heruntergeklappt werden. War sie nicht benötigt, wurde dieser Platz für einen Armlehnensessel genutzt. An seiner Stelle konnte bei Bedarf eine Klappsitzbank für drei Personen herabgelassen werden.

Der Viertragenwagen

Hier waren je zwei Tragen rechts und links übereinander gelagert. Die linke untere Trage wurde durch eine Schiebedrehbühne ein- und ausgeladen, die rechte lief in einer Führungsschiene. Die beiden oberen Tragen wurden in einem sogenannten Gleitrohrgehänge gehaltert. Bei Mitnahme von vier Tragen entfiel der Armlehnensessel. Auf beiden Seiten befanden sich noch Klappsitzbänke.
Die Drei- und Viertragenwagen dominierten, sie waren aufgrund einer Verordnung bevorzugt zu beschaffen.
Erwähnt werden muß auch der »Großeinsatzwagen«. Auf diesen, von ihm geschaffenen Fahrzeugtyp war das DRK mit Recht besonders stolz, denn er war vielseitig einsetzbar. Er enthielt 32 Sitzplätze und war umwandelbar zur Aufnahme von 18 Krankentragen oder – als dritte Möglichkeit – von 6 Tragen im rückwärtigen Teil, so daß im vorderen Bereich ein Behandlungsraum mit Operationstisch entstand.
Es wurden MAN-Fahrgestelle mit 120-PS-Motor, teilweise auch mit Allradantrieb, verwendet. Sie erhielten »Omnibusaufbauten« in geschweißter Ganzstahlausführung, die ausnahmslos von der Firma Miesen gebaut wurden. In einem Anhänger befand sich ein Stromerzeuger. Insgesamt waren um die 200 Großeinsatzwagen vorhanden.
Mit diesem in erster Linie für den Luftschutzdienst und den Einsatz im Felde entwickelten Fahrzeugtyp hatte das DRK den »Großkrankenwagen« geschaffen, wie er heute im Grundsatz betrieben wird.
Natürlich war es dem DRK trotz günstiger Voraussetzungen nicht möglich, einen ausschließlich aus Einheitskrankenwagen bestehenden Fahrzeugpark zu schaffen. Schon infolge Übernahme der Krankenwagen von Behörden, Feuerwehren und anderen Trägern konnte es nicht ausbleiben, daß der Bestand gemischt blieb. Und zum Ende des Krieges war der Einsatz von mancherlei Behelfskrankenwagen unvermeidlich . . .

Krankenkraftwagen-Bestand 1940

DRK	2126
Gemeinden	789
Betriebe	566
Feuerwehren	356
Krankenhäuser	218
Privatunternehmer	132
Sonstige	172
Gesamt	4359

Ein DRK-Einheitskrankenwagen Mercedes-Benz 290 muß angeschoben werden. Die Aufnahme entstand im Mai 1944 in Berlin.

Sicherlich eine seltene Aufnahme. Auch Tempo-Dreirad-Lieferwagen mußten im Kriege vom DRK zum Krankentransport eingesetzt werden.

Drei Angehörige einer DRK-Bereitschaft, die Gasmasken angelegt haben, laden eine Person mit Rauchvergiftung in einen Krankenwagen Opel Blitz.

Im September 1940 wurden alle Krankenwagen des Berliner Rettungsamtes an das DRK übergeben. Im Vordergrund sind drei Adler Diplomat zu erkennen.

Kapitel 6

Nach dem Kriege: entbehrungsreiche Jahre

Ein ungemein gemischtes Bild bot sich in den ersten Nachkriegsjahren bei den Krankenkraftwagen. Kaum jemand wird es heute für möglich halten, was damals alles auf Deutschlands Straßen fahren mußte, um Kranke zu transportieren. Da waren zunächst einmal die traurigen Restbestände von der Wehrmacht und dem Roten Kreuz, die eigentlich als schrottreif bezeichnet werden mußten. Ständige Ausfälle dieser irgendwie immer wieder zusammengeflickten Fahrzeuge waren an der Tagesordnung. Es fehlte an den einfachsten Ersatzteilen, vor allem an Reifen und Schläuchen – falls man nichts zum Tauschen besaß, und welche Behörde konnte da mit einer Privatfirma mithalten? So war es den Sanitätsorganisationen fast unmöglich, einen geordneten Krankentransportdienst zu gewährleisten.
Nachdem die zerschlagene Automobilindustrie im Westen mit Genehmigung der Besatzungsmächte eine bescheidene Pkw-Produktion wieder in Gang gebracht hatte, sah man so manche behelfsmäßige »Krankenwagen«, für die ein enger Personenkraftwagen herhalten mußte, wie zum Beispiel die VW-Limousine (der spätere »Käfer«) oder den »Buckel-Taunus«, den Opel Olympia Rekord und den Borgward im Einsatz. Einfallsreiche Hersteller waren rührend darum bemüht, das beste daraus zu machen. Mit genialischen Schwenkbühnen gelang es der unermüdlichen Firma Miesen beispielsweise, die Krankentrage sogar durch die Beifahrertür eines Pkw zu zwängen. Der Innenraum, den diese Personenwagen zu bieten hatten, war von der Länge und Höhe her völlig unzureichend für eine »normale« Krankenbeförderung,

So sah die Krankenbeförderung kurz nach dem Kriege wohl überall in Deutschland aus: unzureichend ernährte Männer in gemischter Uniformierung mußten mit klapprigen Fahrzeugen kranke und unterernährte Menschen ins Krankenhaus transportieren. Dieser Mercedes-Benz 3,2 Liter mit Miesen-Aufbau, Baujahr um 1939, war von der Feuerwehr Hamburg 1945 aus Wehrmachtsbeständen übernommen worden und blieb nur noch zwei Jahre in Dienst.

Auch dieser schwere und hochbeinige dreiachsige Krankenwagen, ursprünglich für das österreichische Heer gebaut, dann 1938 der deutschen Wehrmacht übergeben, lief 1946/47 bei der Hamburger Feuerwehr.

In völlig desolatem Zustand traf dieser Phänomen Granit-Krankenwagen aus Wehrmachtsbestand 1946 bei der Feuerwehr Hamburg ein. Er wurde notdürftig instandgesetzt und dem Krankentransportdienst zur Verfügung gestellt. Der kriegsbedingte Behelfsaufbau bestand aus Holzfaserplatten!

aber was war in diesen Zeiten noch normal? Es ging nur darum, überhaupt noch einen motorisierten Kranken- und Unfalltransport notdürftig aufrechtzuerhalten.

Der Nachholbedarf an Krankenkraftwagen war ungeheuer groß, aber entweder gab es keine geeigneten Fahrgestelle oder die Lieferkontingente reichten bei weitem nicht aus. Die ersten brauchbaren Krankenkraftwagen kamen von Daimler-Benz, vom Volkswagenwerk mit dem neuentwickelten Transporter und von Opel mit dem bekannten Opel Blitz. Man kann es Dipl.-Ing. Hans Brunswig, dem damals bei der Feuerwehr Hamburg für den Kranken- und Unfalltransport Verantwortlichen wohl heute nachfühlen, mit welcher Erleichterung er 1947 diese Sätze niederschrieb:

»Man muß alle die Sorgen und Nöte um die Lösung der täglichen Transportaufgabe in einer Zeit unablässig wechselnder Krisen und Depressionen durchgestanden haben, um jenes Gefühl der Freude zu verstehen, von dem die Einstellung der ersten zehn neuen Krankenwa-

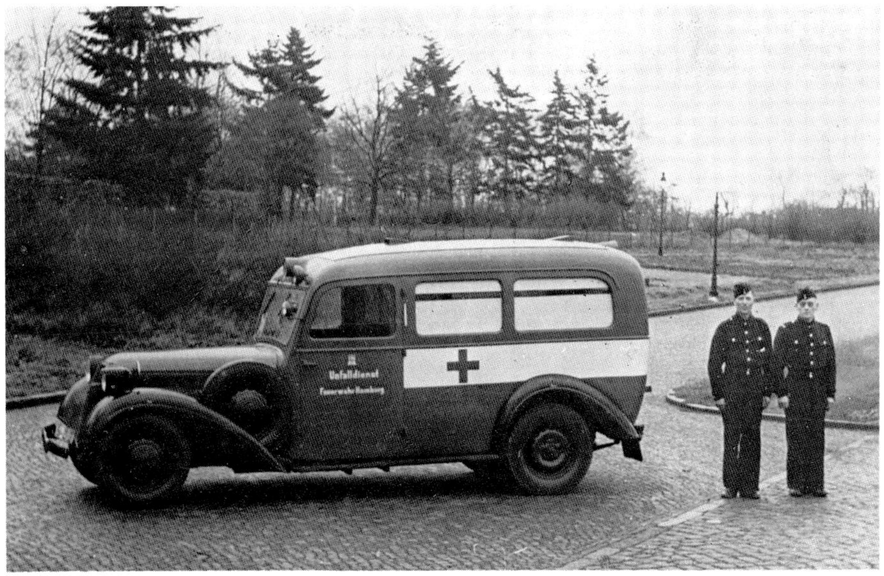

Dieser Adler-Diplomat aus der Vorkriegszeit versah ursprünglich beim Roten Kreuz seinen Dienst. 1946 übernahm ihn die Feuerwehr Hamburg für ihren Unfalldienst.

gen in Hamburg Ende April 1947 begleitet war! Sie stellte – zwei Jahre nach Kriegsende – zum ersten Male wieder das Krankentransportwesen auf eine fahrzeugtechnische Grundlage, denn die 69 Fahrzeuge am Ende des ersten Betriebsjahres setzten sich aus 28 verschiedenen Typen 15 verschiedener Fabrikate zusammen!«
Die Normen DIN 13020 und DIN 13026 aus der Vorkriegszeit waren offiziell immer noch in Kraft; an ihre Anwendung war begreiflicherweise vorerst nicht zu denken.
Erst ab 1955 ging es langsam bergauf. Das Fahrzeugangebot für den Rettungsdienst wurde breiter, die Materialengpässe waren nach und nach beseitigt. Die Provisorien hatten endlich ein Ende. Der Ganzstahlaufbau hielt im selben Jahr auch bei den Krankenkraftwagen Einzug.

Der VW Standard (Typ 11), gebaut von 1946 bis 1953, wurde von Miesen mittels patentierter »Schwenkdrehbühne« zum Transport eines Liegenden eingerichtet. Diese behelfsmäßige Transportmöglichkeit entstand aus der Not der Nachkriegsjahre heraus. Die Schwenkdrehbühne, eine dazugehörige Plattform und die Trage wurden im Dachkasten verstaut, wenn sie nicht benötigt wurden.

Vom Volkswagenwerk: Limousine und »Typ 2«

Das Volkswagenwerk in Wolfsburg brachte das Kunststück fertig, schon wenige Monate nach Kriegsende die ersten Pkw zu montieren – und das, obwohl vorher außer Wehrmachts-Kübelwagen noch kein einziges serienreifes Auto gebaut worden war! Im März 1946 erschien der unvergeßliche *VW Standard* und ab Juli 1949 die *Export-Limousine.*
In diesen Jahren bitterer materieller Not konnte es nicht ausbleiben, daß diese Modelle trotz ihres knapp bemessenen Passagierraumes auch zum Krankentransport herangezogen wurden. Dazu ließ sich die erfahrene Bonner Firma Miesen einiges einfallen. Ihre zum Patent angemeldete »Schwenkdrehbühne« erlaubte es tatsächlich, eine Krankentrage durch die Beifahrertür einzuführen! – Lassen wir die Firma selbst zu Worte kommen:
»Volks-Krankenwagen mit 1 Trage, Einrichtung Miesen-Bonn (Deutsches Patent angemeldet 39441).

VW Standard als Krankenwagen des Badischen Roten Kreuzes, Kreis Wolfach.

Der VW-Krankenwagen wurde ab 1960 vom Volkswagenwerk selbst angeboten. Dieses Modell besaß den luftgekühlten 1,2-Liter-Boxermotor, der 34 PS leistete.

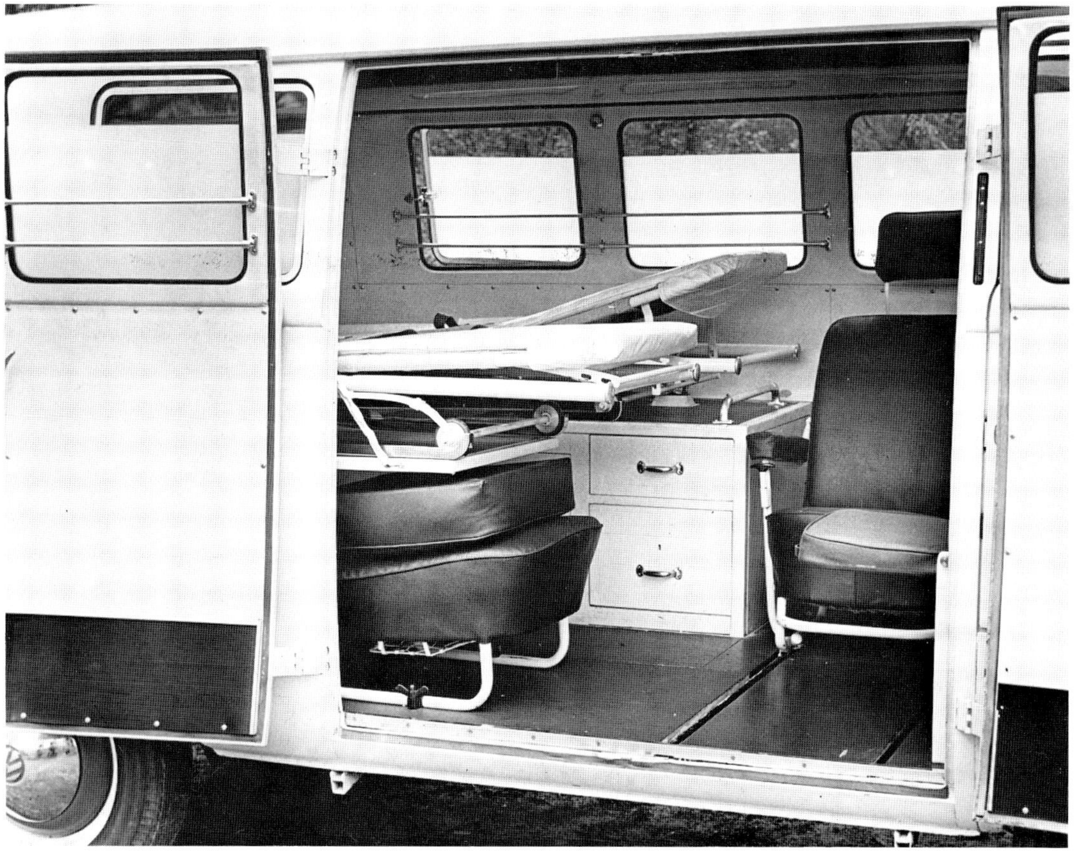

Der VW-Krankenwagen konnte mit 2 Tragen bestückt werden. Eine Betreuung der Patienten war dann allerdings nur vom Kopfende her möglich.

Es handelt sich hierbei um eine fast unglaubliche Verwandlung der Volkswagen-Limousine in einen Krankenwagen mit 1 Trage, die Rückenlehnen auf der rechten Seite und hinten links werden in den Fußraum geklappt, daraufhin wird eine Plattform rechts eingesetzt, auf dieser Plattform läßt sich über eine Kurvenbahn eine Schwenkdrehbühne bewegen, die bei geöffneter rechter Türe aus dem Wagen soweit herausgeschwenkt werden kann, daß auf dem Drehteller dieser Bühne die Krankentrage bequem aufgesetzt, gedreht, hereingefahren und mit der Schwenkdrehbühne hereingeschwenkt wird, also rechts die Trage, links vorne der Fahrer, links hinten der Begleiter. Auf dem Dach eine Galerie, in welcher die Trage, die Schwenkdrehbühne und die Plattform verstaut werden können, wenn die Limousine als 4-Sitzer benutzt werden soll.«

In der Tat: eine unglaubliche Verwandlung der engen zweitürigen Limousine, aber ein »Volks-Krankenwagen«, wie die Firma ihn nannte, wurde es nicht!

Da kam ein völlig neues Modell von VW auf den Markt: am 8. März 1950 verließ das noch schwer angeschlagene Wolfsburger Werk der erste Transporter, der sogenannte *Typ 2,* der bald so erfolgreich war, daß eigens für ihn 1956 ein hochmodernes Transporter-Werk in Hannover-Stöcken gebaut wurde.

1951 begann man bei Miesen in Bonn damit, den VW Kombi zum Krankenwagen mit 2 Tragen einzurichten. Dieses Modell eignete sich wegen seiner breiten Doppeltüre auf der rechten Seite recht gut zum Einladen, später erfolgte das Einbringen der Tragen durch die

Heckklappe mittels patentierter Schiebe-Senkbühne. Der komplette Krankenwagen kostete einschließlich zwei Tragen nicht einmal 10000 DM.
1960 brachte das Volkswagenwerk für DM 9500 selbst einen als Krankenwagen ausgestatteten Kombi auf den Markt, dessen 1,2-Liter-Motor 34 PS leistete. Der VW-Prospekt verkündete: »Der VW-Krankenwagen ist sehr vernünftig ausgelegt. (Wie alle Volkswagen).«
Der Werbespruch war nicht übertrieben. VW-Krankenwagen waren in den sechziger Jahren bei allen Sanitätsorganisationen und Feuerwehren sehr verbreitet.

VW-Krankenwagen als »Unfallwagen« bei der Berufsfeuerwehr Hamburg.

Daimler-Benz

Im Mai 1946 konnte die Daimler-Benz AG wieder eine bescheidene Pkw-Produktion mit dem *Typ 170 V* aufnehmen, der schon von 1936 bis 1942 gebaut worden war. Gefragt waren jetzt zunächst Lieferwagen für den Handel. Sie konnten durch recht einfache Veränderung des Limousinenaufbaus in Form eines Kofferaufsatzes hergestellt werden. Auch als Polizei- und Krankenwagen (mit einer Trage) eignete sich diese Ausführung mit der Werksbezeichnung *W 136 I* gut. Der Koffer wurde in einer Werksbeschreibung sehr treffend als »Kranken-Kasten« bezeichnet und bestand aus einem Hartholzgerippe mit Leichtmetallbeplankung. Von 1946 bis 1948 wurden nur annähernd 600 Fahrzeuge gebaut, obwohl der Bedarf wesentlich höher lag. Der Preis betrug zuletzt DM 8685,–.

Ab 1948 wurden die *Fahrzeug-Werke Lueg GmbH* in Bochum von Daimler-Benz offiziell mit dem Bau von Krankenwagen auf der Basis des Typs 170 V beauftragt. Die 1868 gegründete Karosseriebau-Firma stellte nämlich schon seit 1906 Karosserien für Mercedes-, Adler-, Wanderer- und andere Chassis her und war seit 1909 sogar Vertragslieferantin von Karossen für die Benz-Werke in Gaggenau. Bei dieser langjährigen Verbundenheit mit dem Hause Daimler-Benz – Vertragshändler war sie ohnehin inzwischen – war es nicht weiter verwunderlich, daß sich die Stuttgarter dieses bewährten Karossiers bedienten, um eine eigene Krankenwagenfertigung aufzuziehen.

Lueg entwickelte zusammen mit dem Werk einen gefällig aussehenden Kombiwagen mit zweiflügeliger Hecktür, der im eigens dafür eingerichteten Betrieb in Langendreer gebaut wurde. Ab 1950 waren die Krankenwagen auch als Typ *170 D* mit 40-PS-Dieselmotor lieferbar. Lueg baute bis 1953 Krankenwagen 170 V und 170 D, danach auf den Folgemodellen *170 S–V* und *170 S–D*. Der Krankenwagen 170 V kostete seinerzeit DM 11850, der 170 D sogar DM 12900.

Im Jahre 1954 gab die Firma Lueg den Bau von Krankenwagen gänzlich auf, hauptsächlich wohl deshalb, weil sie den fälligen Übergang zum Ganzmetallaufbau nicht mehr vollziehen mochte. Die Krankenwagenfertigung auf Mercedes-Benz-Fahrgestellen übernahmen nun die Firmen Binz in Lorch und Miesen in Bonn. Neben diesen beiden »Großen« gab es einige kleinere Karosseriefabriken mit regionaler Bedeutung, zu denen das 1913 gegründete *Herrmann Karosseriewerk* in Hamburg und die *Paul Stolle KG* (seit 1928) in Hannover zählen.

Mit dem neuen *Typ 180* – Werksbezeichnung W 120 – ging auch Daimler-Benz 1953 zur Pontonkarosserie und selbsttragenden Bauweise über. Dieses Modell und

Krankenwagen-Modelle 1946 bis 1953

Typ	170 V	170 V	170 V	170 D
Werksbezeichnung	W 136 I	W 136 I	W 136 VI	W 136 VI D
Produktionszeit	1946–1948	1948–1950	1950–1953	1950–1953
Hersteller des Aufbaues	Daimler-Benz Werk Sindelfingen	Fahrzeug-Werke Lueg Werk Langendreer	Fahrzeug-Werke Lueg Werk Langendreer	Fahrzeug-Werke Lueg Werk Langendreer
Motor	4 Zylinder-Vergaser-motor	4 Zylinder-Vergaser-motor	4 Zylinder-Vergaser-motor	4 Zylinder-Vergaser-motor
Leistung	38 PS	38 PS	45 PS	40 PS

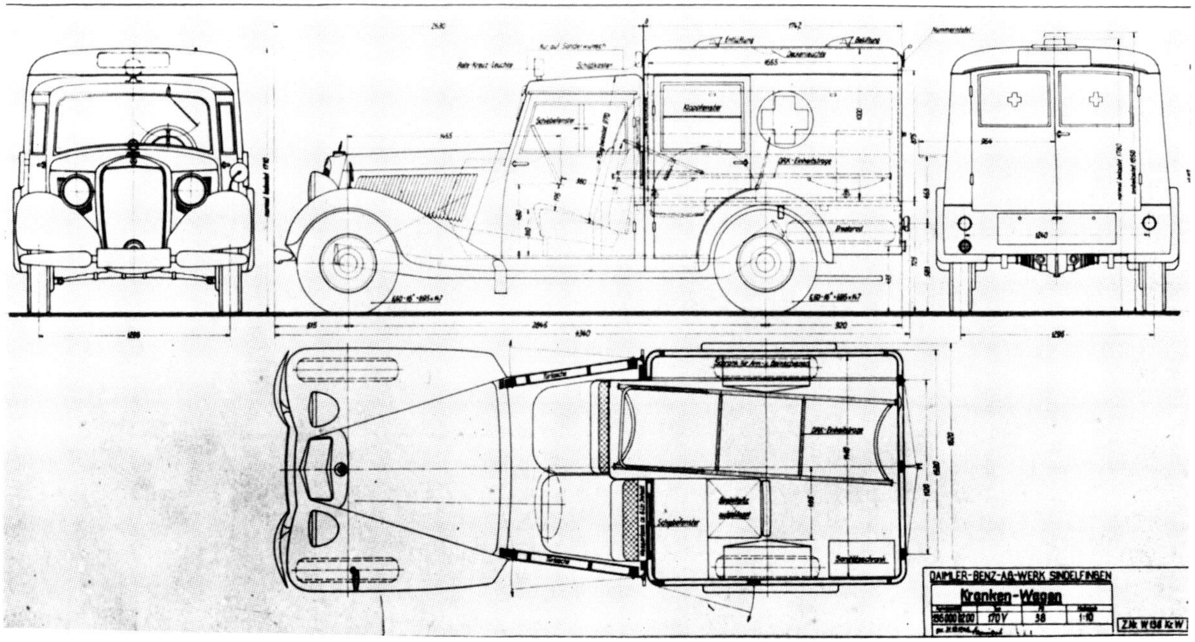

Werkszeichnung des Mercedes-Benz-170-V-Krankenwagens (W 136 I) 1946.

1947 erhielt die Feuerwehr Hamburg ihre erste, sehnlichst erwartete Krankenwagen-Lieferung nach dem Kriege – zehn Mercedes-Benz 170 V aus dem Werk Sindelfingen, wo auch diese Aufnahme entstand.

dessen Nachfolger, der *Typ 190* (W 121), wurden von den Firmen Miesen und Binz in zunehmendem Umfang zum Krankentransportwagen mit Doppelhecktür bzw. Heckklappe umgebaut. Damit begann die Fertigung einer äußerst erfolgreichen Krankenkraftwagen-Serie, die sich, nach den jeweiligen Modellwechseln, nahtlos bis auf den heutigen Tag fortsetzte.

Eine einschneidende Neuerung und wirklichen Fortschritt stellte der »lange Radstand« dar, der erstmals 1965 beim *Typ 200* (W 115) auf Wunsch ab Werk bei Daimler-Benz lieferbar war. Die Verlängerung des serienmäßigen Radstands von 2750 mm auf 3400 mm machte es möglich, den Betreuersitz *vor Kopf* der Krankentrage anzuordnen. Noch bevor Fahrgestelle mit langem Radstand bei Daimler-Benz erhältlich waren, hatte Binz auf eigene Initiative einige Male Radstandsverlängerungen von 650 mm beim Typ 190 D vorgenommen.

Da gleichzeitig auch von den Karosseriebauern bei Binz und Miesen das Dach erhöht wurde, vergrößerte sich der Innenraum, zweifellos eine Verbesserung der Betreuungsmöglichkeiten und des Komforts. Wie hatte es in einem Prospekt der Firma Miesen 1956 vorausschauend geheißen: »Je höher der Raum, um so wohler fühlt sich der Kranke.«

Beim langen Radstand wird dem Aufbauhersteller ein Fahrgestell mit Teilkarosserie angeliefert, bei der Dach und alle Teile im Heckbereich fehlen. Es ist sozusagen ein »Verschnitt« aus Limousine und Kombiwagen. Es gelang den Aufbauherstellern stets, eine gefällige, wenn nicht sogar elegant zu nennende Form zu finden. Die Verlängerung sollte nicht als Stilbruch empfunden werden.

Eintragen-Krankenkraftwagen Mercedes-Benz 170 V, Aufbau Werk Sindelfingen. Vierzylinder-Vergasermotor 38 PS *(s. auch oben).*

Krankenkraftwagen der Berufsfeuerwehr Hamburg. Mercedes-Benz 170 V, Aufbau von Lueg.

Krankenkraftwagen des Krankenkassenverband Jülich. Mercedes-Benz 170 V, Aufbau von Miesen. Er bestand aus »Hartholzgerippe mit Stahlblech, fugenlos ummantelt«.

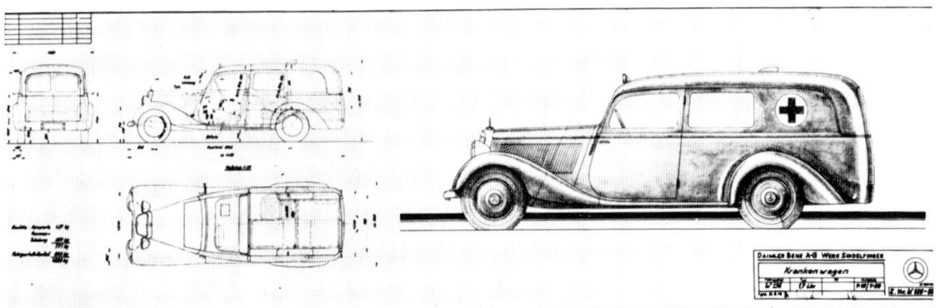

Werkszeichnung für die von den Fahrzeug-Werken Lueg gebauten Krankenkraftwagen auf der Basis des Mercedes-Benz 170 V.

Krankenkraftwagen der Freiwilligen Feuerwehr Bad Driburg. Mercedes-Benz 170 V, Aufbau von Miesen *(Bild rechts)*.

Eleganter sahen die Krankenkraftwagen auf der Basis des Mercedes-Benz 170 S-V (Bauzeit 1953–1955) aus. Aufbau von Miesen *(s. auch Bild rechts).*

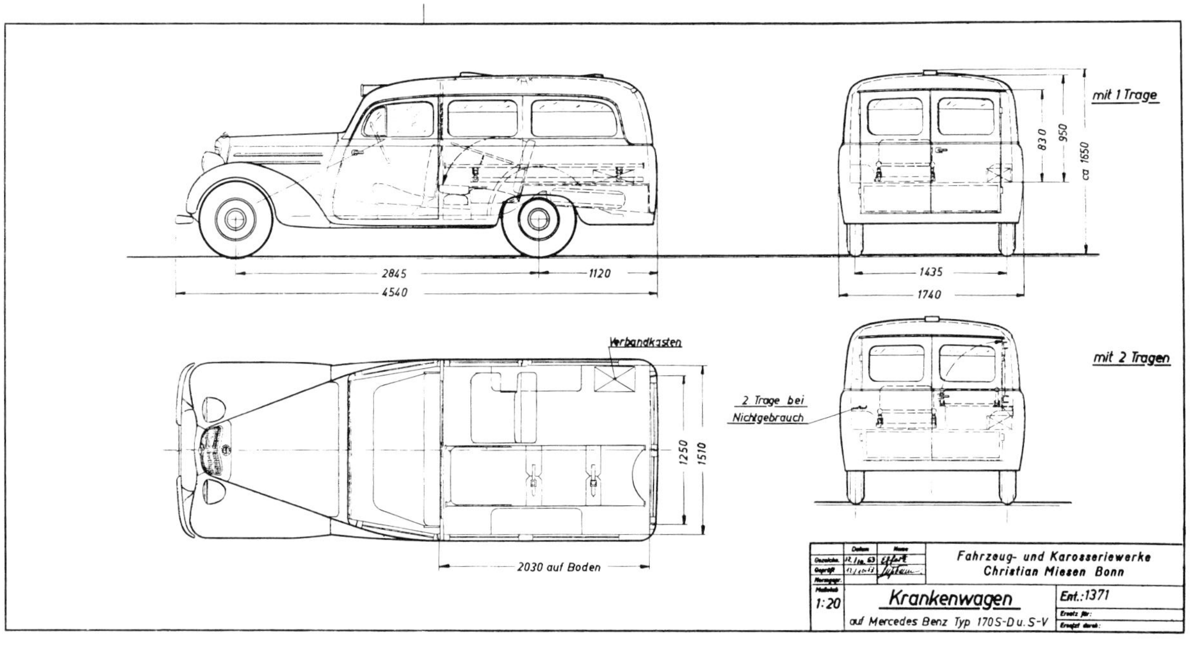

Eintragen-Krankenkraftwagen Mercedes-Benz 170 S, 170 D und 170 S-V, Entwurf Miesen 1953.

Die Vergleichsaufnahme von zwei Krankenkraftwagen Mercedes-Benz 180 zeigt deutlich den Gewinn an Innenhöhe beim »Typ Bayern« *(links)* gegenüber dem Normaltyp *(rechts)*.

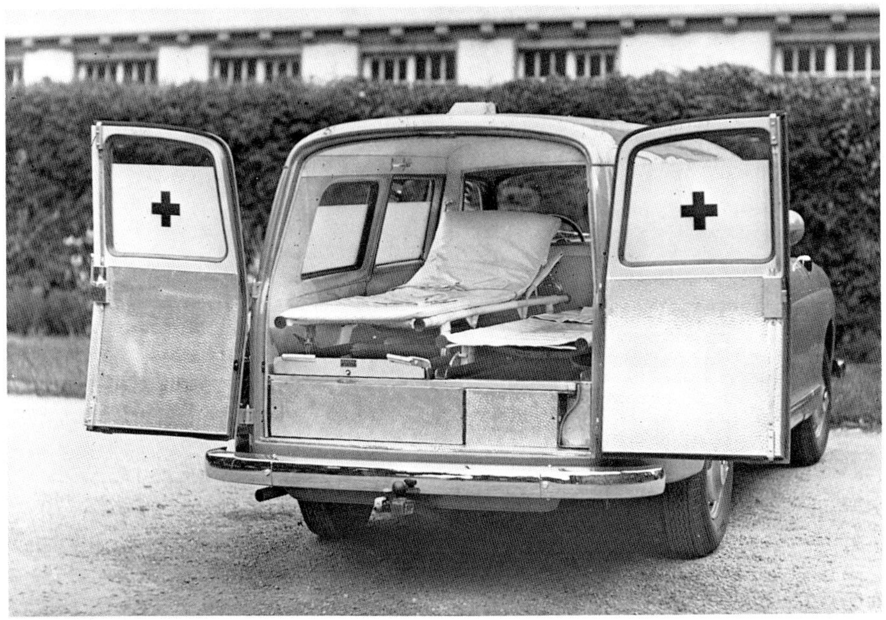

Krankenkraftwagen Mercedes-Benz 180/180 D (Typ W 120) *(oben)*. Bauzeit 1953 bis 1957/1953 bis 1961. Radstand 2650 mm. Aufbau von Binz mit um 40 mm erhöhtem Dach. Diese Ausführung geht auf eine Anregung des DRK-Kreisverbandes München zurück und erhielt daher die Bezeichnung »Typ Bayern«.

Krankenkraftwagen Mercedes-Benz 180/180 D (Typ W 120). Bauzeit 1953 bis 1957/ 1953 bis 1961. Radstand 2650 mm. Aufbau von Miesen.

Krankenkraftwagen Mercedes-Benz 190/190 D (Typ W 121). Bauzeit 1956 bis 1961/ 1958 bis 1961. Aufbau von Miesen mit Dacherhöhung »Ecoline«. Der gepfeilte Chromstreifen wurde intern Haifischzahn genannt.

Krankenkraftwagen Mercedes-Benz 180/180 D. Aufbau mit Dacherhöhung von Miesen.

Eintragen-Krankentransportwagen Mercedes-Benz 180 (Typ W 120), gebaut 1958 vom Herrmann Karosseriewerk in Hamburg-Wandsbek für die Feuerwehr Hamburg.

Opel

Auch die Adam Opel AG in Rüsselsheim konnte, kaum daß sie zwei Jahre nach Kriegsende wieder produzierte, Personenkraftwagen für Zwecke der Krankenbeförderung anbieten. Zunächst war es der zweitürige *Opel Olympia,* gebaut von 1947 bis 1952, bei dem – wie beim Volkswagen – eine sinnreiche Schwenk-Drehbühne der Firma Miesen das Einladen der Krankentrage durch die Beifahrertür erlaubte.

Den *Opel Olympia Kombi,* der von 1950 bis 1952 als Geschäftswagen im Fertigungsprogramm lief, verlängerte Miesen am Heck, gab ihm eine neue breite Einflügel-Hecktür und fügte eine Seitentür rechts hinzu – das war schon ein richtiger Eintragenwagen.

Der *Opel Olympia Rekord Caravan* (1953 bis 1954) hingegen war ein serienmäßiger Kombiwagen, dem die zweite Seitentür rechts leider fehlte.

Aber inzwischen, seit 1948, gab es den wesentlich größeren *Kapitän.* Seine überarbeiteten Nachfolger, Baujahr 1951 bis 1953, wurden gerne verwendet, wenn die Beschaffungsmittel dafür ausreichten. Immerhin kostete er 1952 schon 9850 DM, viel Geld in der damaligen Zeit. Entweder erfolgte das Einladen der Trage durch die Beifahrertür – die B-Säule klappte dazu herab! – oder durch die Einflügeltür im umgebauten Kombi-Heck. Alle späteren Kapitän-Modelle erhielten von Miesen einen Kombiaufbau, so daß die Tragen heckseitig einzuschieben waren.

Und natürlich gab es den *Opel Blitz,* seit dem Zweiten Weltkrieg überall bewährt, wieder als Mehrtragen-Krankenwagen. Er war lange Zeit der einzige größere Kastenwagen auf dem Markt und daher weit verbreitet im Krankentransportdienst.

Opel Olympia (Bauzeit 1947 bis 1949) als Krankenkraftwagen mit Einrichtung von Miesen. Im Dachkasten wurden Trage und Schwenkdrehbühne untergebracht. Die Einführung der Trage durch die Beifahrertür war eine Notlösung, bis es geeignete Pkw-Modelle gab.

Opel Olympia-Kombi (Bauzeit 1950 bis 1952) als Krankenkraftwagen mit Einrichtung von Miesen. Als Grundmodell diente der Lieferwagen mit eingepreßten Feldern anstelle Seitenfenster. Miesen verlängerte das Heck, fügte Seitenfenster ein und baute auf der rechten Seite zusätzlich eine Tür ein.

Opel Olympia Rekord Caravan (Bauzeit 1953 bis 1954) als Krankenkraftwagen mit Einrichtung von Miesen.

Opel Kapitän (Bauzeit 1948 bis 1950) als Krankenkraftwagen mit Einrichtung von Miesen. Beladung von der rechten Seite durch Umlegen der »B-Säule« *(s. auch Bild unten).*

Opel Olympia 2türig (Bauzeit 1958 bis 1959) als Krankenkraftwagen mit Einrichtung von Miesen. Dieser Typ galt bei Opel als sogenanntes Sparmodell (spartanische Ausstattung, Verzicht auf Chromleisten). Von Miesen wurde das Dach geringfügig erhöht und eine Seitentür rechts hinzugefügt.

Miesen baute aber auch den Opel Kapitän zu einem Kombi um, so daß die Beladung heckseitig erfolgte.

Opel Kapitän (Bauzeit 1955 bis 1957) als Krankenkraftwagen mit Kombiaufbau von Miesen.

Eintragen-Krankenkraftwagen der Berufsfeuerwehr Köln. Opel Kapitän (Bauzeit 1959 bis 1963), Aufbau von Miesen.

Eintragen-Krankenkraftwagen des DRK Windsbach. Opel Blitz 1,5 t. Baujahr 1951. Aufbau mit Einflügeltür von Miesen. Das Reserverad war in einem nur von außen zugänglichen Fach untergebracht *(s. auch Bild unten).*

Zweitragen-Krankenkraftwagen der BF Hamburg. Opel Blitz 1,5 t. Baujahr 1950. Aufbau mit Doppelflügeltür von Miesen *(s. auch Bild unten).*

Zweitragen-Krankenkraftwagen Opel Blitz 1,5 t bei der Berufsfeuerwehr Hamburg im Jahre 1948. Ein Patient wird vom Unfallboot der BF Hamburg, das ihn von der Elbinsel Finkenwerder herüberbrachte, in den Krankenwagen umgeladen.

Opel Blitz 1,75 t als »Unfallwagen« (Uw-4) der BF Hannover. Baujahr 1955. Aufbau von Miesen.
Seit Mitte der fünfziger Jahre wurden bei der Berufsfeuerwehr Hannover Unfallwagen auf der Basis des Opel Blitz mit Miesen-Aufbau eingesetzt.

Eintragen-Krankenkraftwagen der BF Krefeld. Opel Blitz 1,75 t (Bauzeit 1952 bis 1959). Aufbau mit Einflügeltür von Miesen.

DKW von der Auto Union

Die im Westen wiederauflebende Auto Union begann im Oktober 1949 in Ingolstadt mit der Produktion des *DKW Schnell-Laster F 89 L,* der – genau wie die ein Jahr später im Werk Düsseldorf gefertigten DKW Meisterklasse zunächst mit dem 22 PS-Zweizylinder-Zweitaktmotor geliefert wurde. Als preiswerter Lieferwagen zunächst ohne große Konkurrenz – der VW-Kastenwagen ging erst im März 1950 in Serie – wurde er auch bald als Krankenwagen angeboten. Zwei Krankentragen waren übereinander angeordnet, die Hecktür war serienmäßig einflügelig. Die Firma Miesen in Bonn bot dagegen einen eigenen Aufbau mit zweiflügeliger Hecktür, in dem zwei Tragen nebeneinander Platz hatten.

Das Erscheinen des VW Krankenwagens (Typ 23) Anfang 1951 ließ die Chancen des DKW Schnell-Lasters bald sinken, obwohl der vielfach verbesserte Nachfolger *3=6* bald den 32 PS-Dreizylinder-Motor erhielt.

Im Firmenprospekt des Jahres 1956 wurde der DKW-Krankenwagen so angepriesen: »Er ist ein Schnellstarter wie jeder DKW. Mit seiner zuverlässigen Einsatzbereitschaft besitzt er also die wichtigste Voraussetzung zum Krankentransport. Im Stadtverkehr ist der DKW-Krankenwagen ebenso wendig wie er im Überlandverkehr schnell ist – das garantieren sein 32 PS starker DKW-Dreizylindermotor und seine guten DKW-Fahreigenschaften. Frontantrieb, niedrige Schwerpunktlage und ausgewogene Federung sind die besten Voraussetzungen, um einen Kranken oder Schwerverletzten schonungsvoll und doch schnell zum nächsten Arzt oder ins Krankenhaus zu transportieren. Die Größe des Krankenraumes ist ein weiterer Vorteil. Schwerkranken nimmt man dadurch die Platzangst, wie sie häufig bei Lungen- oder Herzkranken auftritt; dem Pflegepersonal bleibt Bewegungsfreiheit genug, um den Kranken auch während des Transportes zu betreuen. Dies konnten bisher nur Krankenwagen einer weit größeren Fahrzeugklasse bieten.«

Der DKW Schnell-Laster 3=6 wurde (mit Zweitakt-Motor!) immerhin noch bis 1962 gebaut, als Krankenwagen spielte er indessen keine besondere Rolle.

Zweitragen-Krankenkraftwagen der Aachener Knappschaft, Krankenhaus Bardenberg. DKW Schnell-Laster F 89 L (Bauzeit 1949 bis 1954) mit Zweizylinder-Zweitaktmotor 20 (22) PS. Aufbau von Miesen.

Borgward und Lloyd

Die Bremer Automobilfabrik *Carl F. W. Borgward* konnte gleich mehrere Modelle aus ihrem Fabrikationsprogramm für Zwecke des Krankentransports zur Verfügung stellen. Zuerst war es der zweitürige *Hansa 1500 Kombi,* der von 1950 bis 1952 gebaut wurde. Der Borgward Hansa galt nicht nur wegen seiner Pontonkarosserie, der ersten deutschen überhaupt, als sehr fortschrittlicher Wagen, er war überdies die erste deutsche Pkw-Neukonstruktion nach dem Kriege.
Sein Radstand betrug 2600 mm, der nach Einbau einer Trennwand eine nutzbare Innenraumlänge von gerade 1900 mm zuließ, so daß die Krankentrage nur knapp hineinpaßte. Deshalb nahm sich die rührige Firma Miesen das Kleinlastwagenfahrgestell *Borgward B 1250* vor, das es unter anderem mit 3200 mm Radstand gab. Sie setzte einen eigenen Aufbau darauf, wobei der Vorderwagen mit geringen Änderungen vom Typ Hansa übernommen wurde. Damit blieb das typische Erscheinungsbild der Borgward-Limousinen in der Frontansicht erhalten. Die Karosserie bot jetzt 2525 mm Innenraumlänge, aber auch 1370 mm Innenhöhe, und besaß rechts eine Seitentür.
Es gab die Ausführung mit einer Krankentrage und einflügeliger Hecktür und die Ausstattung mit 2 Tragen nebeneinander und zweiflügeliger Hecktür. Der ganze Krankenwagen kostete DM 14049.
Als 1954 die *Isabella* als Nachfolgerin der Hansa-Baureihe erschien, wurde auch bald deren Kombi-Ausführung zur Einrichtung als Krankenwagen genutzt. Der Aufbau brauchte nur geringfügig verlängert zu werden und erhielt auf der rechten Seite eine Tür. Die serienmäßige Einflügeltür im Heck wurde auf Wunsch durch eine Doppelflügeltür gegen Aufpreis von nur DM 325 ersetzt. Auf der linken Seite war die Krankentrage, auf der rechten ein Sitz für den Begleiter oder einen sitzenden Kranken angeordnet. Dieser Krankenwagen kostete 1955 bei Miesen komplett DM 11769.
Und noch ein Auto aus dem Borgward-Konzern, nämlich

Borgward Hansa 1500 (Bauzeit 1949 bis 1952) als Eintragen-Krankenkraftwagen mit Kombiaufbau von Miesen.

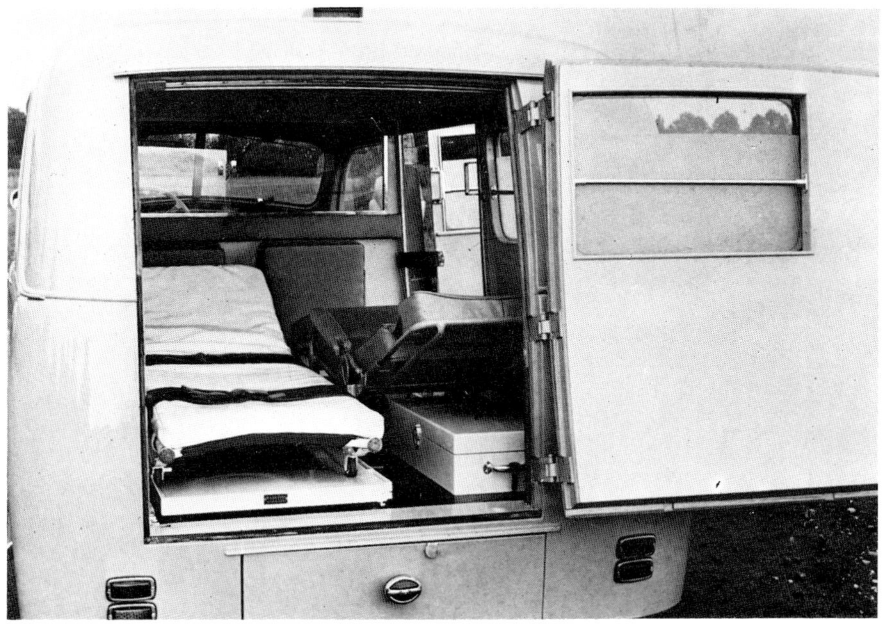

Eintragen-Krankenkraftwagen der Feuerwehr Herne auf der Basis des Borgward B 1250 (Bauzeit 1949 bis 1952) mit Aufbau von Miesen.

Es blieb bei einem Versuch der Firma Miesen, den Lloyd LT 600 Sechssitzer mit langem Radstand 2850 mm (Bauzeit 1956 bis 1961) als Krankenkraftwagen einzurichten.

Borgward Isabella (Bauzeit 1954 bis 1961) als Eintragen-Krankenkraftwagen mit Aufbau von Miesen.

von der *Lloyd Motoren Werke GmbH* in Bremen-Hastedt wurde zumindest in Erwägung gezogen. Was der Lloyd LP 300, im Volksmund »Leukoplastbomber« genannt, für den preisbewußten Pkw-Fahrer war, sollten Llody LT 500 und LT 600 für den kostengünstigen Lieferverkehr werden. Die Firma Miesen startete 1956 mit dem *Sechssitzer LT 600* – Radstand 2850 mm – einen Versuch, bei dem es allerdings blieb. Als Basisfahrzeug war er mit DM 4660 zwar konkurrenzlos billig, aber eben doch zu primitiv für Krankenbeförderungen.

Ford

Die Kölner Ford-Werke produzierten ab 1948 wieder den Ford Taunus, der sich vom bis zum Jahre 1942 gefertigten Vorkriegsmodell äußerlich kaum unterschied und auch denselben Namen trug. Es hieß nur der Not gehorchen, wenn die Firma Miesen die zweitürige Limousine *Ford Taunus Standard* für die Unterbringung einer Krankentrage zum Preise von 1759 DM herrichtete. Die drangvolle Enge konnte etwas gemildert werden, als Miesen dieses Modell 1950 von der Wuppertaler Firma *Clerck* im Radstand um 500 mm verlängern ließ. Der Aufbau – der Zeit entsprechend Holzgerippe mit Stahlblechbeplankung – erhielt eine zweite Tür auf der rechten Seite und eine zweiflügelige Hecktür und kostete DM 9900. Die Radstandsverlängerung wurde nur mit DM 600 berechnet. »Das Ergebnis ist erfreulich«, lobte die Motor-Rundschau. »Der Wagen sieht schon äußerlich nett aus (!), und durch den langen Radstand war es nicht nötig, die Hinterachse übermäßig zu überbauen. Schon eine kurze Probefahrt zeigte, daß dieser lange Radstand auch den Fahreigenschaften gut bekommt.« Indessen wurden nur wenige Krankenwagen dieser Bauart verlangt und der Bau alsbald eingestellt.

Nachfolger des »Buckel-Taunus« wurde 1952 der Ford Taunus 12 M und 15 M mit einer formschönen Pontonkarosserie. Er lief sieben Jahre lang von den Fließbändern, wurde jedoch, soviel bekannt ist, niemals zum Krankenwagen umgebaut.

Erst dessen Nachfolger, der *Ford Taunus 17 M* (1957 bis 1960), interne Werksbezeichnung P 2, im Volksmund »Gelsenkirchener Barock«, und die weiteren Nachfolgetypen P 3, P 5 und P 6 wurden in geringem Umfange wieder zum Krankenwagenausbau herangezogen.

Ford Taunus Standard, zweitürige Limousine (Bauzeit 1948 bis 1951) als Eintragen-Krankenkraftwagen. Mit Hilfe der Miesen-Schwenkbühne ließ sich die Krankentrage, die sonst im Dachkasten untergebracht war, geschickt einfahren. Die äußerst beengten Verhältnisse verhinderten selbst in diesen Notzeiten eine größere Verbreitung dieses Behelfskrankenwagens.

Krankenkraftwagen für 2 bis 3 Tragen auf Ford FK 1000. Einrichtung von Binz.

Krankenkraftwagen Ford Taunus 17 M (Typ P 3). Bauzeit von 1960 bis 1964. Die viertürige Limousine wurde von Miesen mit einer Heckklappe versehen.

Krankenkraftwagen Ford Taunus 17 M (Typ P 2). Bauzeit von 1957 bis 1960. Der Aufbau des Kombi wurde von Miesen verlängert.

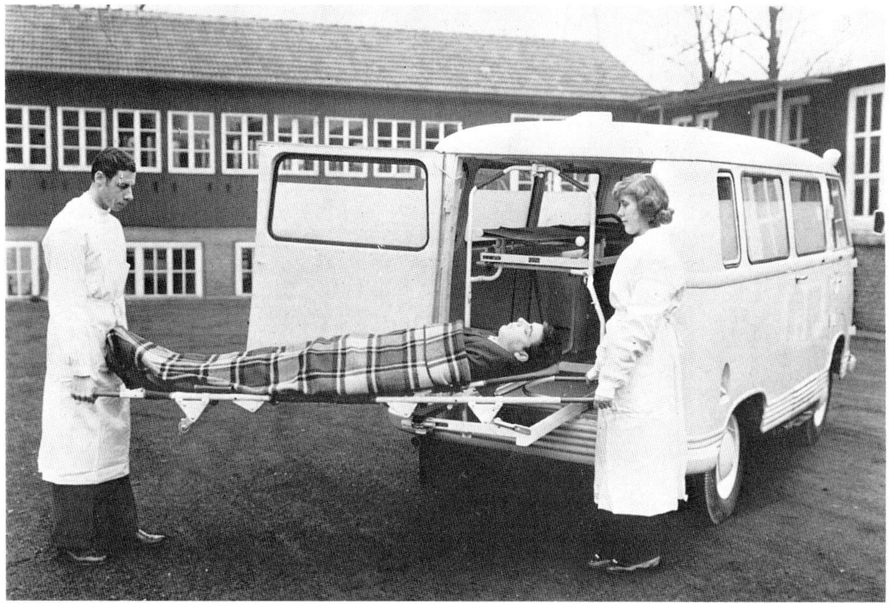

Krankenkraftwagen für 2 bis 3 Tragen auf Ford FK 1000 (Bauzeit von 1953 bis 1960). 1,2-l-Benzinmotor 38 PS bzw. 1,5-l-Benzinmotor 55 PS. Einrichtung von Miesen.

Mehr Komfort bot die (von Cierck, Wuppertal, gelieferte) verlängerte Version des Ford Taunus (»Buckel-Taunus«) mit heckseitiger Beladung und zweiter Seitentür rechts. Dennoch wurden nur wenige Krankenwagen dieser Bauart bei Miesen bestellt.

Tempo Matador

Viertragen-Krankenkraftwagen auf Tempo Matador (Bauzeit 1949 bis 1952) mit Einrichtung von Miesen. Das Tempo-Werk ging 1965 in der Rheinstahl-Hanomag AG auf.

Zweitragen-Krankenkraftwagen auf Tempo Matador 1400 mit Aufbau von Lueg/Bochum, Baujahr 1954, bei der Feuerwehr Hamburg.

BMW

Krankenkraftwagen des DRK Troisdorf/Sieglar. BMW 502, Baujahr 1958. Umbau und Einrichtung von Miesen. Die beiden BMW-Krankenkraftwagen waren Einzelstücke, die Finanzierung der verhältnismäßig teuren BMW-V-8-Limousinen war nur über großzügige Spenden möglich gewesen.

Krankenkraftwagen des DRK Grafenau. BMW 502, Baujahr 1957. Umbau und Einrichtung von Binz. Die Sechs- und Achtzylinder-BMW galten mit ihren langgeschwungenen Kotflügeln als formschöne, elegante Limousinen. Auch in der Kombiform ging die fließende Linienführung nicht verloren, das gilt sowohl für die Ausführung von Binz als auch von Miesen. *(Bilder rechts)*

Krankenwagen Phänomen Granit, Baujahr 1944 mit kriegsbedingtem Behelfsaufbau aus Holzfaserplatten. Das Fahrzeug lief nach dem Kriege mehrere Jahre in der DDR und wurde dort in den siebziger Jahren fotografiert.

Eintragen-Krankenkraftwagen der BF Hamburg, Baujahr 1962. Bis zu diesem Zeitpunkt waren die Hamburger Krankenwagen noch in elfenbein lackiert und besaßen keine optischen und akustischen Warnvorrichtungen. Mercedes-Benz 190c, Aufbau vom Herrmann Karosseriewerk, Hamburg.

Großraumkrankenwagen der BF Hamburg, Baujahr 1951. In der Nachkriegszeit waren viele Transporte in Krankenhäuser außerhalb der Stadt von der Feuerwehr durchzuführen. Büssing 5000 TU, 135-PS-Unterflurmotor. Einrichtung von Miesen.

»Unfallwagen« der BF Hamburg, Baujahr 1964. VW-Transporter. Alle Unfallwagen waren in feuerrot (RAL 3000) lackiert, das Dach war perlweiß. Ausgerüstet mit zwei Auer-Kennleuchten.

Kapitel 7

Der Notarztwagen

Es begann in Heidelberg

Bisher war man allgemein der Auffassung gewesen, jeder akut Erkrankte und Verletzte müsse *so schnell wie möglich* ins Krankenhaus gefahren werden, um ihm dort ärztliche Hilfe zuteil werden zu lassen. Ende der fünfziger Jahre setzte ein Umdenken ein: Notfallpatienten müssen zunächst transportfähig gemacht, d.h. durch den Rettungssanitäter oder Notarzt versorgt werden, um erst dann *so schonend wie möglich* unter fachgerechter Betreuung in die Klinik gebracht zu werden. Ein übereilter Transport ohne vorherige Versorgung kann selbst bei einem »einfachen« Knochenbruch unabsehbare gesundheitliche Schäden zur Folge haben. Die Unfallmedizin erhielt steigende Bedeutung, als die Motorisierung in Deutschland rapide zunahm, leider auch die Zahl der Verkehrsunfälle mit Schwerverletzten und Getöteten.
Professor *K. H. Bauer* von der Chirurgischen Universitätsklinik Heidelberg startete am 16. Februar 1957 einen Versuch, medizinische Hilfe direkt am Unfallort zu lei-

Erster Notarztwagen in Hamburg, nach den Plänen der Gesundheitsbehörde und der BF Hamburg vom Herrmann Karosseriewerk/Hamburg im Jahre 1965 eingerichtet. Mercedes-Benz L 319.

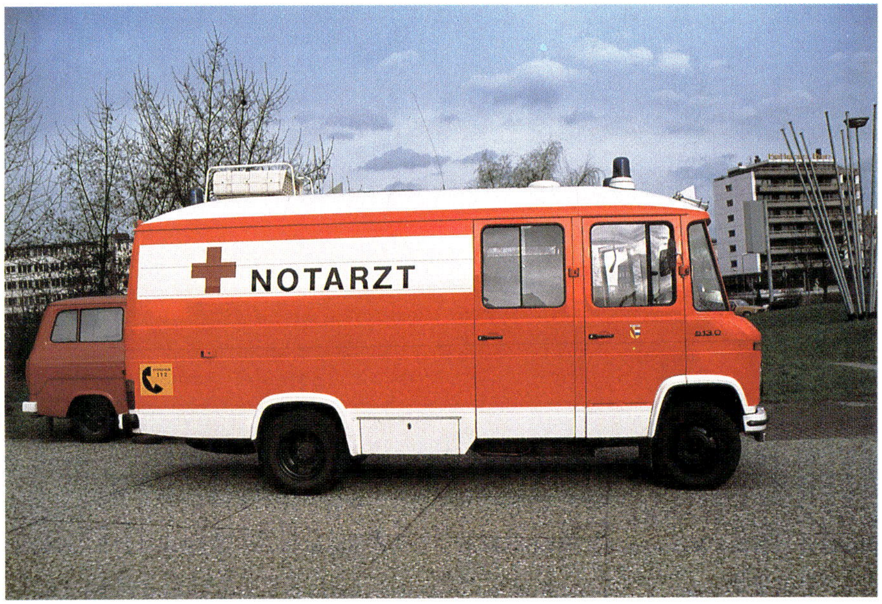

Fast zwanzig Jahre später: Notarztwagen der BF Pforzheim. Mercedes-Benz L 613 D mit Aufbau von Binz.

sten. In einem großräumigen Reiseomnibus vom Typ Mercedes-Benz 0 320 H war von der Firma Vetter ein komplett eingerichteter Operationsraum untergebracht. Seine Energieversorgung übernahm ein Stromerzeuger im ständig mitgeführten Einachsanhänger.

Es lag auf der Hand, daß dieses »Klinomobil« genannte Fahrzeug aufgrund seiner Länge und seines Gewichtes auf die Dauer zu schwerfällig im Straßenverkehr sein würde. Es stellte sich zudem bald heraus, daß es medizinisch gar nicht angezeigt war, den Operationssaal mit dem Ärzteteam quasi vom Krankenhaus auf die Straße zu verlegen. Obwohl er beachtliche Erfolge mit dem Klinomobil erzielte, erkannte Professor Bauer denn auch, daß die personelle und apparative Ausstattung in der weit überwiegenden Zahl der Fälle verringert werden konnte. Der Betrieb des Bus-Operationswagens wurde bald darauf eingestellt. Das Verdienst Professor Bauers bleibt es, den Vorläufer unseres Notarztwagens geschaffen zu haben, der inzwischen zu einer unverzichtbaren Einrichtung im Rettungswesen geworden ist.

»Notarzt-Pkw« Ford Taunus 12 M der BF Köln.

Das »Kölner Modell«

Der Initiative von Professor Dr. *Victor Hoffmann,* Direktor der Chirurgischen Universitätsklinik Köln, und seinem Mitarbeiter Dr. *Engelbert Friedhoff* ist es zu verdanken, daß der erste Notarztwagen-Dienst in der Bundesrepublik am 3. Juni 1957 in der Stadt Köln aufgenommen wurde. Der »Notfallarztwagen«, ein Lkw vom Typ Ford FK 2500, wurde mit finanzieller Unterstützung des HUK-Verbandes und der Ford-Werke angeschafft. Das Verkehrswissenschaftliche Institut der Universität Köln betreute das Projekt, die Berufsfeuerwehr Köln stellte das Personal und die Nachrichtenmittel. Stationiert war der Notfallarztwagen an der Feuerwache Lindenthal. Bei Alarmierung nahm er zunächst den diensthabenden Notarzt an der Chirurgischen Universitätsklinik auf und fuhr von dort weiter zur Unfallstelle. Die Organisation bewährte sich auf Anhieb.

»Notarzt-Pkw« Volvo P 144 der BF Köln.

Der erste Notarztwagen in der Bundesrepublik war dieser Ford FK 2500 mit der Sanitätseinrichtung von Miesen. Der 3,9-l-Benzinmotor leistete 100 PS. Der NAW wurde von der Berufsfeuerwehr Köln vom 3. Juni 1957 bis 1967 betrieben.

Der zweite Kölner Notarztwagen, ein in England hergestellter Ford Trader, war von 1964 bis 1970 in Dienst. Die Sanitätseinrichtung stammte ebenfalls von Miesen.

1960 übernahm die Stadt Köln den Notarztwagen nach erfolgreich verlaufener Erprobungszeit. Er war von nun an mit Ärzten der Chirurgischen Klinik Köln-Merheim besetzt. 1964 wurde ein weiterer Notarztwagen, ein Ford-Trader, in Dienst genommen.
1969 erfolgte eine Reorganisation des Rettungswesens in Köln. Das »Rendezvous-Verfahren« wurde nun mit fünf Notarztwagen und zwei »Notarzt-Pkw« (Vorläufer des seit 1982 genormten Notarzt-Einsatzfahrzeugs) eingeführt. Die neuen Notarztwagen waren vom Typ Büssing OM, die Notarzt-Pkw zunächst viertürige Ford Taunus, dann Volvo-Limousinen.
Beim Kölner Notarztdienst kann mit Recht von einer bald 200jährigen Tradition gesprochen werden. Das Kölner Modell war beispielgebend. Nach seinem Vorbild richteten viele Großstädte ihren Notarztwagen-Dienst ein. Die Zusammenarbeit zwischen Notärzten und Rettungssanitätern, sei es von den Sanitätsorganisationen oder der Feuerwehr, bewährte sich überall auf das beste.

Dieser Notarztwagen, ein Opel Blitz 1,75 t, war vom Malteser Hilfsdienst 1956 ursprünglich als Apothekenwagen für Einsätze im Zusammenhang mit dem Ungarn-Aufstand in Auftrag gegeben worden. Da er dort nicht mehr zum Einsatz gelangte, wurde er von 1958 bis 1967 von der BF Köln als Notarztwagen eingesetzt.

Notarztwagen der BF Köln, Baujahr 1967. Büssing OM, Dieselmotor 106 PS, zulässiges Gesamtgewicht 5900 kg. Radstand 3000 mm. Länge 5580 mm, Breite 2200 mm, Höhe 2965 mm. Aufbau und Sanitätseinrichtung von Miesen.

Notarztwagen der BF Köln, Baujahr 1969. Büssing OM, Aufbau und Sanitätseinrichtung einschließlich elektrohydraulischer Ladebühne von der Saarbrückener Karosseriefabrik. Von dieser Bauart gab es zwischen 1969 und 1976 fünf NAW.

Notarztwagen der BF Köln, Baujahr 1971. Mercedes-Benz L 408, Sanitätseinrichtung von Miesen.

Notarztdienst in München

In der Landeshauptstadt München war ebenfalls sehr frühzeitig ein Notarztdienst in Zusammenarbeit mit der städtischen Berufsfeuerwehr ins Leben gerufen worden. Seit dem 30. März 1966 wurde ein diensthabender Notarzt bei schweren Verkehrsunfällen und medizinischen Notfällen von der Chirurgischen Polyklinik der Universität mit einem »Funkdienstwagen« der Feuerwehr, ein BMW 501, abgeholt und alarmmäßig zum Unfall- oder Erkrankungsort gefahren.

Eine Verbesserung trat ein, als für einige Monate ein vom DRK in Bonn ausgeliehener Opel Blitz als Notarztwagen eingesetzt wurde. Ende 1967 konnte dann der erste Notarztwagen »Typ München« in Dienst genommen werden. Es handelte sich um einen 7,5-t-Kastenwagen von Magirus, Typ 110 D 7. Er bot in seinem Aufbau die beachtliche Stehhöhe von 1950 mm. Die Innenausstattung stammte von Miesen.

Seit dem 30. Mai 1968 beteiligte sich auch die Chirurgische Abteilung des Städtischen Krankenhauses Oberföhring am Notarztdienst. Heute sind im »Gemeinsamen Notarztdienst der Landeshauptstadt und des Landkreises München« sieben Notarztwagen, die von der Branddirektion samt Rettungssanitätern gestellt werden, im ständigen Einsatz. Die Träger der Krankenhäuser, welche die Notärzte bereithalten, sind städtische, staatliche, kreiseigen und privat. Die Zusammenarbeit so unterschiedlicher Institutionen funktioniert reibungslos.

In der ersten Generation gab es drei Notarztwagen vom »Typ München«. Als die Branddirektion 1972 einen Peugeot J 7 F aus Anlaß einer Niederlassungseröffnung geschenkt erhielt, wurde dieser ebenfalls als Notarztwagen eingerichtet. Ab 1971 beschaffte die Branddirektion für ihre zweite NAW-Generation Kastenwagen von Mercedes-Benz der Typen L 408, L 409 und L 508 D mit einem Radstand von 2900 mm.

Der Münchner Notarztdienst wird ergänzt durch den 1965 eingerichteten »Toxikologischen Notarztdienst«, für den zwei speziell eingerichtete Busse bereitstehen, sowie durch einen seit 1978 bestehenden »Neugeborenen-Nolarztdienst«.

Mit einem solchen Funkdienstwagen der städtischen Branddirektion, einem BMW 501, wurde ein diensthabender Notarzt von der Universitäts-Polyklinik zum Unfallort gebracht. So begann am 30. März 1966 der Münchner Notarztdienst.

Mit diesem Notarztwagen auf Opel-Blitz 1,9 t, Aufbau Miesen, der vom DRK in Bonn ausgeliehen war, wurde die Zeit bis zur Indienststellung des ersten Notarztwagens »Typ München« Ende 1967 überbrückt.

Notarztwagen »Typ München«, Baujahr 1967. Magirus-Deutz 110 D 7 mit luftgekühltem 100-PS-Dieselmotor. Radstand 3150 mm, zulässiges Gesamtgewicht 7500 kg. Innenhöhe 1950 mm, Sanitätseinrichtung von Miesen.

Auch dies war einige Zeitlang ein Notarztwagen der Münchner Branddirektion. Sie erhielt diesen Peugeot J 7 F mit 63-PS-Benzinmotor anläßlich einer Niederlassungseröffnung von Peugeot zum Geschenk. Er war an der Rettungswache Süd stationiert.

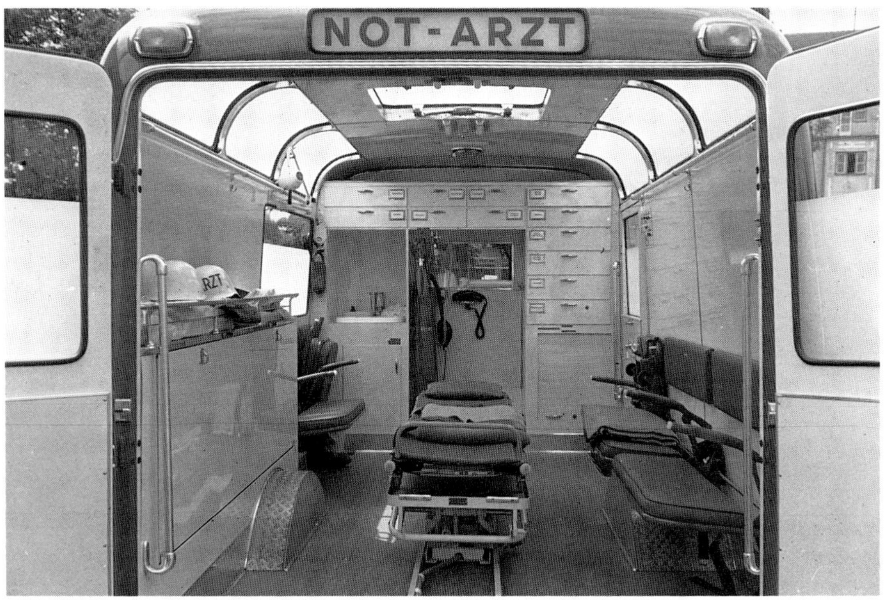

Blick in den Innenraum des Notarztwagens »Typ München«.

Für ihre zweite NAW-Generation verwendete die Branddirektion Mercedes-Benz-Kastenwagen der Typen L 408, L 409 und L 508 D mit 2900 mm Radstand. Die Sanitätseinrichtung stammt bisher von Binz.

Aus Anlaß des zehnjährigen Bestehens des Münchner Notarztdienstes im Jahre 1976 gelang es, alle sieben Notarztwagen kurzzeitig für dieses Gruppenbild zusammenzurufen.

Erster Notarztwagen der Berufsfeuerwehr Frankfurt, Baujahr 1966. Mercedes-Benz L 408. Erhöhter Aufbau und Sanitätseinrichtung von Miesen.

Frankfurter Notarztdienst

In Frankfurt am Main wurde mit der Planung eines Notarztdienstes im Jahre 1965 unter der Leitung von Obermedizinalrat *Dr. Theodor Kunz* begonnen. An drei Großkrankenhäusern stationierte die Berufsfeuerwehr Frankfurt in Abständen von einem Jahr einen Notarztwagen.

Der erste nahm seinen Dienst am 8. Juni 1966 beim Berufsgenossenschaftlichen Unfallkrankenhaus auf. Dr. Kunz äußerte sich anerkennend über diesen Notarztwagen, einen Mercedes-Benz L 408 mit Hochdach:

». . . kann nach dem derzeitigen Stand der Dinge sowohl in kraftfahrtechnischer Hinsicht, als auch nach dem Aufbau als gelungen bezeichnet werden. Dieses Fahrzeug

Zweiter Notarztwagen der BF Frankfurt, Baujahr 1968. Mercedes-Benz L 408. Sanitätseinrichtung von Miesen. In Dienst von 1968 bis 1977.

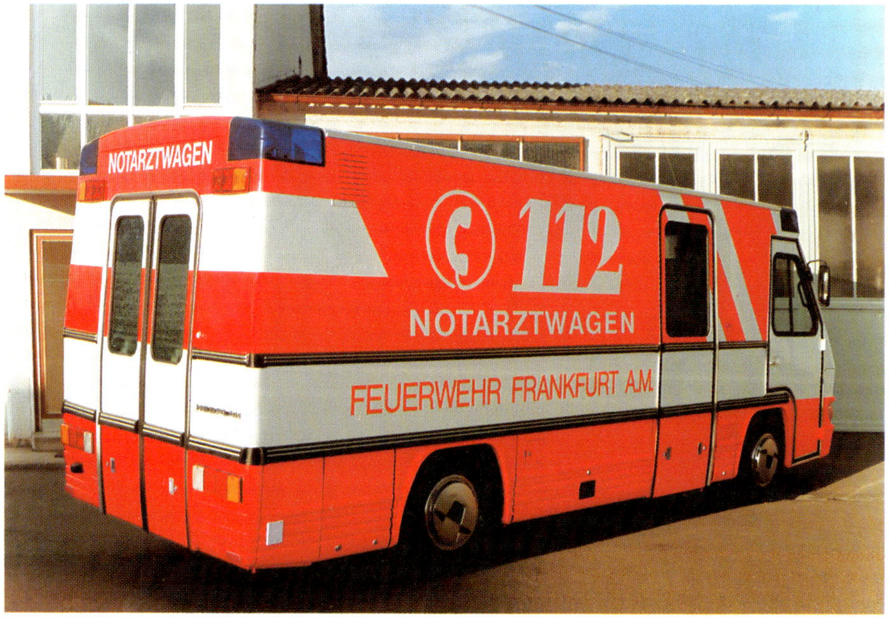

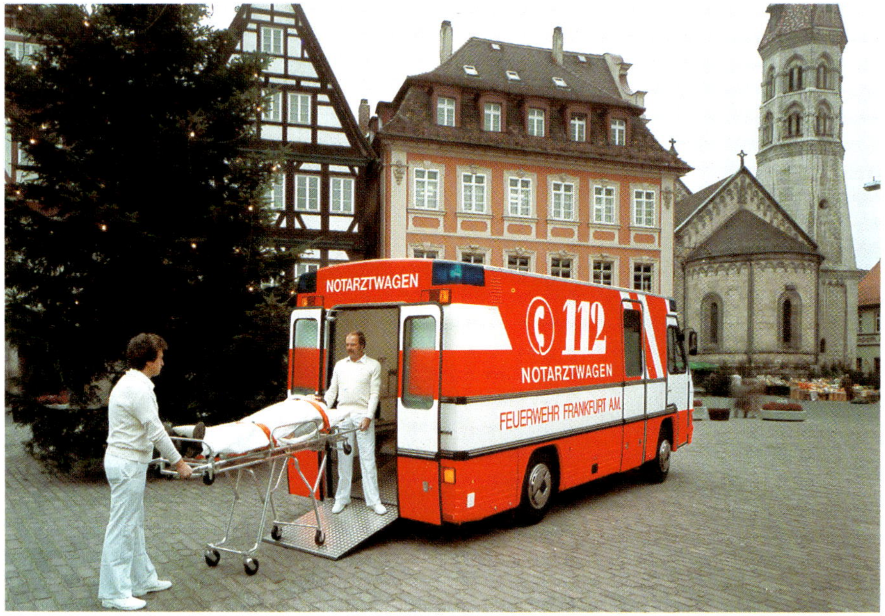

Den vorläufig letzten Entwicklungsstand von Notarztwagen der BF Frankfurt a. M. zeigt dieser NAW, der im Februar 1985 in Dienst gestellt wurde. Auf der Basis des Neoplan N 907 baute der bekannte Stuttgarter Omnibushersteller Gottlob Auwärter GmbH & Co nach den Vorgaben der Feuerwehr Frankfurt diesen Notarztwagen, dessen besonderes Merkmal der dank Luftfederung im Heckbereich um 250 mm absenkbare Wagenboden ist. Da die Einladehöhe dann nur noch 300 mm beträgt, können Krankenfahrtragen mittels Auffahrrampe direkt eingefahren werden. Die Einrichtung mit Sanitäts- und medizinischen Geräten stammt von Binz. Daimler-Benz-Dieselmotor 130 PS, zulässiges Gesamtgewicht 7000 kg. Höchstgeschwindigkeit 105 km/h. Abmessungen: Länge 6,80 m, Breite 2,35 m, Höhe 2,78 m. Das Farbdesign der Außenlackierung entspricht dem der Frankfurter Feuerwehrfahrzeuge. Vier blau eingefärbte Abdeckhauben in den Fahrzeugecken ersetzen die üblichen blauen Kennleuchten, um Bauhöhe einzusparen.

hat gute Fahreigenschaften bei hinreichender Beweglichkeit im Straßenverkehr. Sein hervorstechendes Merkmal ist aber die optimale Ausnutzung des geräumigen, leicht zu reinigenden und zu desinfizierenden Innenraumes mit einer durchgehenden Stehhöhe von 1,90 m.«
Der zweite Notarztwagen wurde am 7. Juli 1967 an der Universitätsklinik und ein dritter NAW am 1. November 1968 am Städtischen Krankenhaus Höchst in Dienst gestellt.
Die Branddirektion Frankfurt hielt mit ihren Notarztwagen bis heute einen anerkannt hohen Standard. Sie bewies es erneut und nachdrücklich im Jahre 1985 mit der Indienstnahme eines luftgefederten Notarztwagens mit geräumigem Sonderaufbau von Auwärter. Nach Absenken des Wagenbodens im Heckbereich um 250 mm können Krankentragen (mit Rollgestell) über eine Rampe einfach in den Behandlungsraum gerollt werden. Eine derartige Einladetechnik, die für den Patienten schonend und für die Sanitäter arbeitserleichternd ist, gab es bei Notarztwagen bisher nicht.

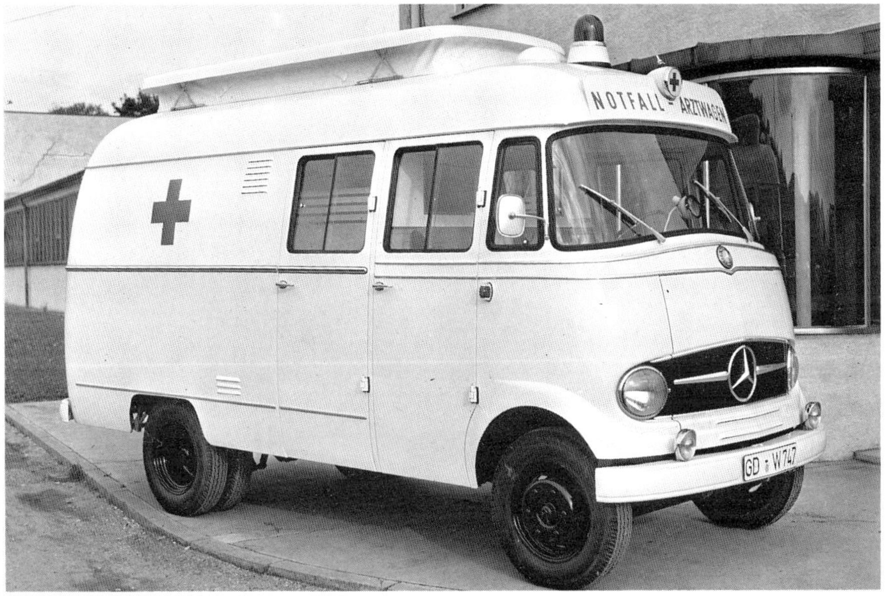

Ein Vorläufer des Notarztwagens war zum Beispiel dieser »Notfall-Arztwagen«, von Binz auf dem Mercedes-Benz L 319 im Jahre 1963 mit ausstellbarem Dach gebaut.

Der Typ L 319 von Mercedes-Benz wurde bis zum 31. September 1966 gebaut. Sein äußerlich unveränderter Nachfolger erhielt die Typbezeichnung L 405.

Rettungswagen sind ohne besondere Tragenlagerungseinrichtungen mit Feder-/Dämpfungssystemen, die Fahrzeugerschütterungen mindern und das Einladen ermöglichen, nicht mehr denkbar. In diesem Notarztwagen ist die »Binz-Komfort-Patientenlagerung« eingebaut, die aufgrund ihres hydropneumatischen Systems für Tragenbelastungen von 30 kg bis 100 kg annähernd gleiche Schwingungsbelastungen gewährleistet.

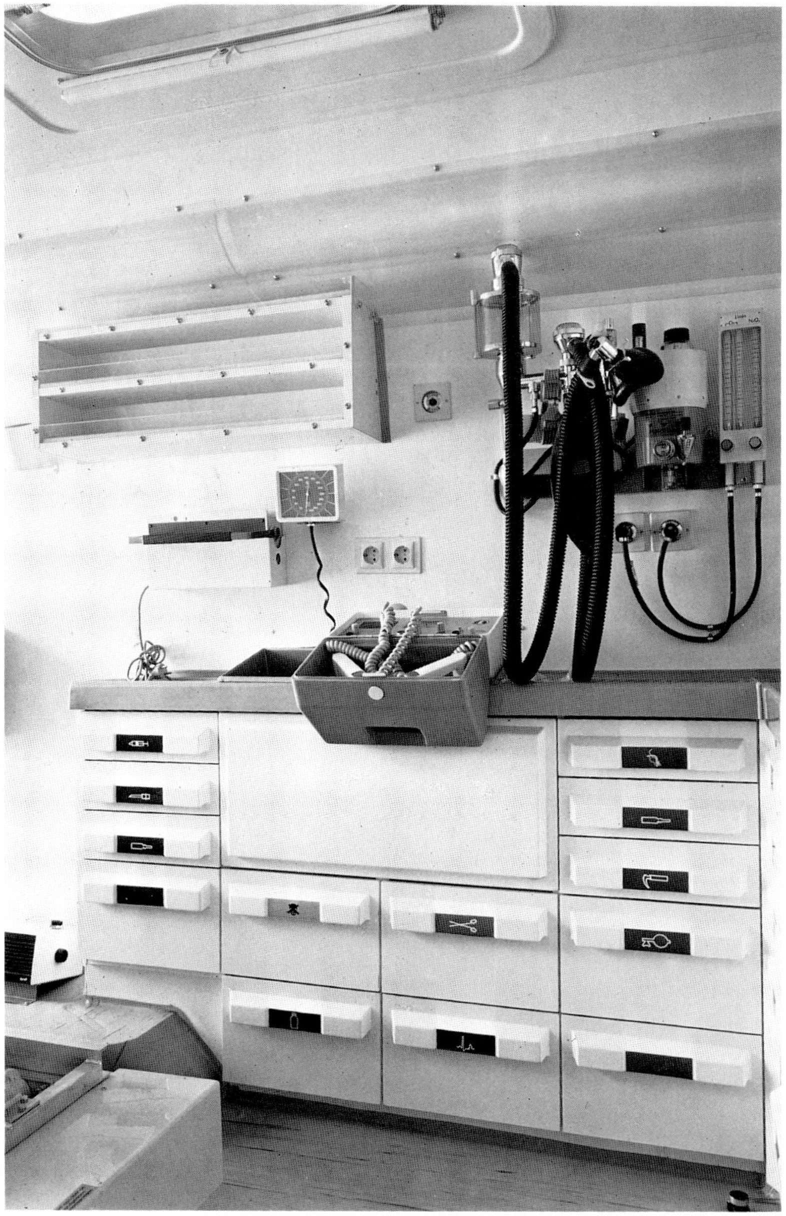

Alle ärztlichen Instrumente sind übersichtlich in einem Wandschrank untergebracht, dessen Schubladen mit farbigen Symbolen gekennzeichnet sind (Ausführung Binz). Über dem Schrank sind Defibrillator und Narkose-/Beatmungseinheit angeordnet.

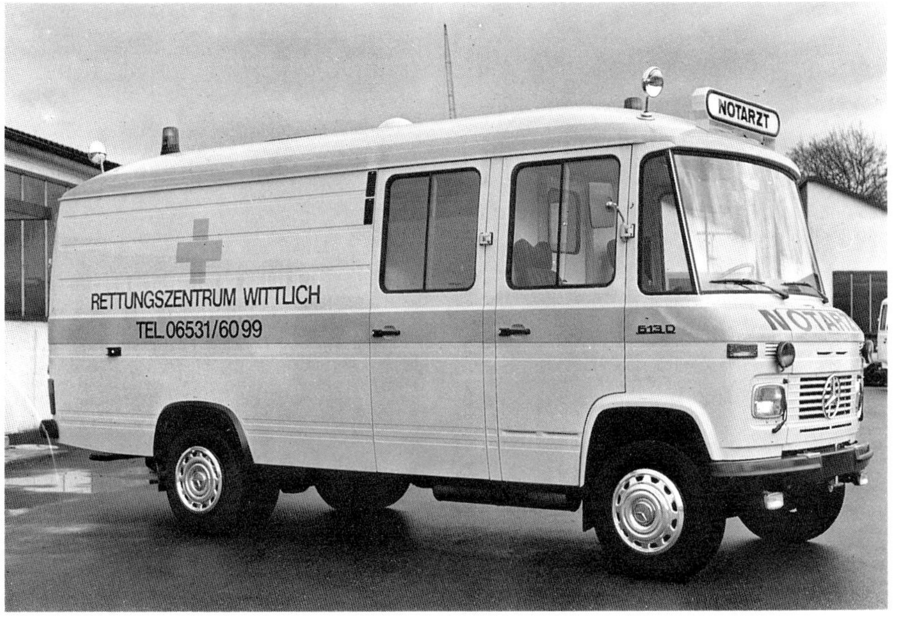

Notarztwagen Mercedes-Benz L 613 D, langer Radstand 3500 mm. Rettungszentrum Wittlich. Sanitätseinrichtung von Binz.

Notarztwagen Mercedes-Benz L 409, Radstand 2950 mm. Sanitätseinrichtung von Binz.

Notarztwagen Mercedes-Benz L 508 D, langer Radstand 3500 mm. Feuerwehr Hamburg. Sanitätseinrichtung von Miesen. Ausgestattet mit Klimaanlage.

Kapitel 8

Aufschwung und Fortschritte seit den sechziger Jahren

Neue Normung nach dem Kriege

Zehn Jahre nach Kriegsende, im Juli 1955, erschien als Ersatz für DIN 13020 und DIN 13026 ein neues Normblatt über Krankenkraftwagen, das als DIN 75080 vom Fachnormenausschuß Kraftfahrzeugindustrie und vom Arbeitsausschuß Krankenhauswesen im Deutschen Normenausschuß (DNA) gemeinsam herausgegeben wurde. Es trug den Titel: »Krankenkraftwagen für 1 bis 4 liegende Kranke« und war im übrigen sehr knapp gehalten: zwei Seiten umfaßte das DIN-Blatt. Es unterschied vier Typen, nämlich
Typ A für eine Trage,
Typ B für 2 Tragen übereinander,
Typ C für 2 Tragen nebeneinander und
Typ D für 4 Tragen.
Nur wenige Innenraummaße und sonstige Eigenschaften waren vorgeschrieben. Über Fahrkomfort brauchte man sich noch nicht allzuviel Gedanken zu machen: »Die Federung des Fahrzeugs soll für den Krankentransport genügend weich und elastisch sein« genügte für die Ansprüche dieser Zeit.
Schon im August 1960 war eine Folgeausgabe fällig geworden. Titel und Herausgeber waren identisch mit denen der früheren Ausgabe. Dieses Normblatt war nun immerhin drei Seiten stark und ging mehr ins Detail. Die Anforderung an die Fahrzeugfederung lautete jetzt: »Die Federung soll für alle geforderten Belastungen einen schonenden Krankentransport gewährleisten.« – Die Fortschritte dieser Norm, die sieben Jahre Bestand hatte, hielten sich in bescheidenen Grenzen.

Medizinische Erkenntnisse beeinflussen die Normen

Die nächste Folgeausgabe der DIN 75080 brachte einschneidende Neuerungen. Das Rettungswesen in der Bundesrepublik wurde in den sechziger Jahren reorganisiert. Die Notfallmedizin erhielt mächtigen Auftrieb durch so engagierte Ärzte wie Professor *F. W. Ahnefeld.* Wiederherstellung und Aufrechterhaltung der Vitalfunktionen des Patienten hatten Vorrang vor allen anderen Maßnahmen. Das alles hatte zwangsläufig Auswirkungen auf die Rettungsfahrzeuge und ihre Ausrüstung. Mit der im Juli 1967 veröffentlichten DIN-Neufassung, bestehend aus den Blättern 1, 2 und 3, wurden der *Rettungswagen,* Kurzzeichen *RTW,* und der *Krankentransportwagen (KTW)* geboren. Die Bezeichnung *Krankenkraftwagen* blieb als Oberbegriff für die beiden neuen Typen erhalten.
Die Definitionen sagten bereits alles über die veränderte Aufgabenstellung aus:
»Rettungswagen sind zum Herstellen und Aufrechterhalten der Transportfähigkeit von *Notfallpatienten* vor und während der Beförderung bestimmt.« – Und: »Krankentransportwagen sind grundsätzlich für die Beförderung von *Nicht-Notfallpatienten* bestimmt.«
Fortan gab es »RTW« und »KTW«. Der *Notarztwagen* wurde als Rettungswagen, in dem ein Notarzt tätig wird, definiert. Fahrzeugtechnisch besteht also kein Unterschied zwischen »NAW« und RTW.
Die gegenüber einem KTW größeren Innenabmessungen und Funktionsmaße des Krankenraumes im RTW sind durch dessen medizinische Aufgabenstellung begründet. Als Grundmodelle für RTW kommen ausschließlich Kastenwagen der sogenannten Transporter-Klasse in Frage, während für den KTW mit ein oder zwei Krankentragen noch Personenkraftwagen mit entsprechend erhöhtem Aufbau und verlängertem Radstand Verwendung finden.
Die Festlegungen der neuen Normausgabe waren als nahezu perfekt zu bezeichnen. Kaum etwas Regelungsbedürftiges war außer acht gelassen! Blatt 1 der Norm enthielt Begriffe, Technische Anforderungen und Prüfung an Krankenkraftwagen, also gleichermaßen für RTW und KTW, Blatt 2 spezielle technische Anforderungen an den Rettungswagen und Blatt 3 die entsprechenden Anforderungen an den Krankentransportwagen. Jedes Blatt hatte einen Umfang von vier Seiten, denn sie enthielten sehr weitgehende Forderungen an Fahrgestell, Aufbau, Krankenraum und Ausrüstung. Entscheidend war, daß erstmals eine Unterscheidung der Krankenkraftwagen nach der *medizinischen Indikation* – Notfall oder Nicht-Notfall – getroffen worden war, und nicht allein nach der Anzahl der zu befördernden Patienten.

Optimistisch blickte Dipl.-Ing. *Hans Miesen,* Obmann des Normenausschusses Krankenhauswesen, in die Zukunft: »Es ist zu hoffen, daß mit dieser neuen Norm gemeinsam mit der Industrie und allen Beteiligten zweckmäßig gearbeitet wird. Es gibt jetzt auch in anderen Ländern keine Entschuldigung mehr, daß Wagen mit der nötigen Ausrüstung für Unfälle und Notfälle und für die lebensbedrohenden Fälle fehlen. Es sind jetzt keine Pressestimmen mehr nötig, die an zuviel Chrom und zu wenig Krankenraum Anstoß nehmen. Die neue Norm könnte man als ›konzentrierte Aktion‹ aller Beteiligten bezeichnen, so daß es jetzt nur noch des Handelns bedarf, um Leben zu retten.«
Und *Ludwig Lehmann* von der Firma Binz & Co prophezeite: »Dem Rettungswagen gehört trotz gewisser Widerstände die Zukunft. Es muß angestrebt werden, möglichst viele Krankentransportwagen durch Rettungswagen zu ersetzen.« – Erreicht wurde bisher ein Verhältnis von etwa 40% RTW zu 60% KTW.

Erst im Jahre 1977 wurde für das Blatt 1 (jetzt Teil 1 genannt) und 1982 für die Teile 2 und 3 eine Neubearbeitung erforderlich. Die Norm hatte zehn Jahre Bestand gehabt. Mit einiger Genugtuung kann festgestellt werden, daß diese Normen Maßstäbe gesetzt haben, um die uns das Ausland vielfach beneidet und die es teilweise übernommen hat.

Im Fahrzeugpark des Deutschen Roten Kreuz der sechziger Jahre sind alle Fabrikate vertreten, die in dieser Zeit die Hauptlieferanten von Krankenkraftwagen in Deutschland waren: Daimler-Benz, Ford, Opel und VW *(s. auch folg. Bild).*

DEUTSCHES ROTES KREUZ
PRÄSIDIUM
467
HILFSZUG
DEUTSCHES ROTES KREUZ
PRÄSIDIUM
467
HILFSZUG
HH-RK 1521
BN-EK43
HH-RK 956

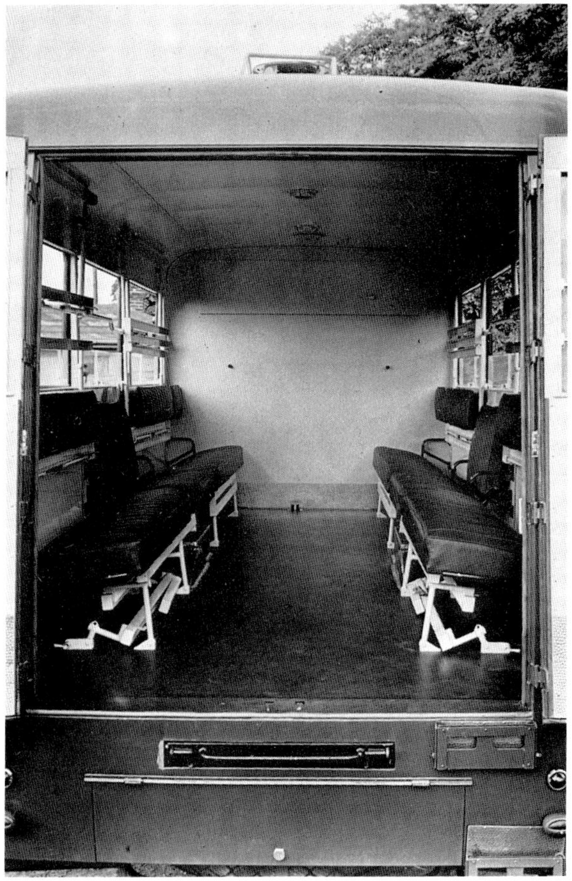

Großkrankenwagen des DRK für 10 Krankentragen, umwandelbar für 8 Sitzende. Büssing-NAG Typ 5500 A (Allrad), Baujahr 1950. Sechszylinder-Dieselmotor 105 PS. Aufbau und Sanitätseinrichtung von Miesen, 1953.

Clinomobil

Ganz in der Nähe des Volkswagen-Transporterwerks Hannover, in Langenhagen, gründete *Hermann Heise* 1960 das *Clinomobil-Hospitalwerk* als Spezialfabrik für Rettungswagen und fahrbare Ambulatorien, letztere vornehmlich für den Export in Entwicklungsländer bestimmt. Vor allem spezialisierte man sich auf den Umbau und die Einrichtung des VW vom Typ 211 zum Großraumkastenwagen mit Dacherhöhung, die eine Innenraumhöhe von 1750 mm ergab, die, das muß betont werden, erst 1967 in der Norm gefordert wurde! Das VW-Werk unterstützte diese Aktivitäten, um so mehr, da man selber wegen seiner hohen Tagesproduktion nicht so sehr an dem Bau solcher Varianten interessiert war.
Diese »VW-Clinomobile«, wie sie werkseitig genannt wurden, gingen vor allem an die verschiedenen DRK-Landesverbände, Krankenhäuser und Werkfeuerwehren. Auch die BF Frankfurt beschaffte 1966 ein VW-Clinomobil.
Daneben wurden auch die Kastenwagen vom Tempo Matador E und Opel Blitz für die Nutzung als Mehrtragenwagen herangezogen.
Im Dezember 1966 wurde die Firma von der Original Hanau Quarzlampen GmbH übernommen und als *Original Hanau Clinomobil GmbH* bis 1967 weitergeführt. Zu diesem Zeitpunkt wurde der Bau von Clinomobil-Rettungswagen aufgegeben. Die Firmennachfolgerin Intermed Hospitaltechnik GmbH befaßt sich heute hauptsächlich mit der Herstellung mobiler Hospitalsysteme aller Art.

Das Bild zeigt das grundsätzliche Fertigungsprogramm des Clinomobil-Hospitalwerk in Hannover-Langenhagen, drei »Unfallrettungswagen Clinomobile«, auf VW-Transporter, Opel Blitz 1,9 t und MAN-Lkw, deren gemeinsames Merkmal das Hochdach ist.

Krankenwagen 1960–1970

VW Clinomobil der Berufsfeuerwehr Frankfurt, Baujahr 1966.

Viertragen-Krankentransportwagen der BF Hamburg, Baujahr 1963. Mercedes-Benz L 319, Einrichtung von Herrmann/Hamburg.

Clinomobil auf der Basis des Tempo Matador E (Bauzeit 1963 bis 1967) mit 1850 mm Stehhöhe.

»Unfallwagen« der BF Hamburg, Baujahr 1965. Mercedes-Benz L 319 mit erhöhtem Dach. Einrichtung von Herrmann/Hamburg.

Rettungswagen (»Miesen-Medimobil«) auf Basis des Hanomag Matador (Bauzeit 1965 bis 1967) mit erhöhtem Dach und Einrichtung von Miesen. Der Hanomag Matador wurde mit 54-PS-Benzinmotor (von Austin) oder 50-PS-Dieselmotor (Hanomag) geliefert.

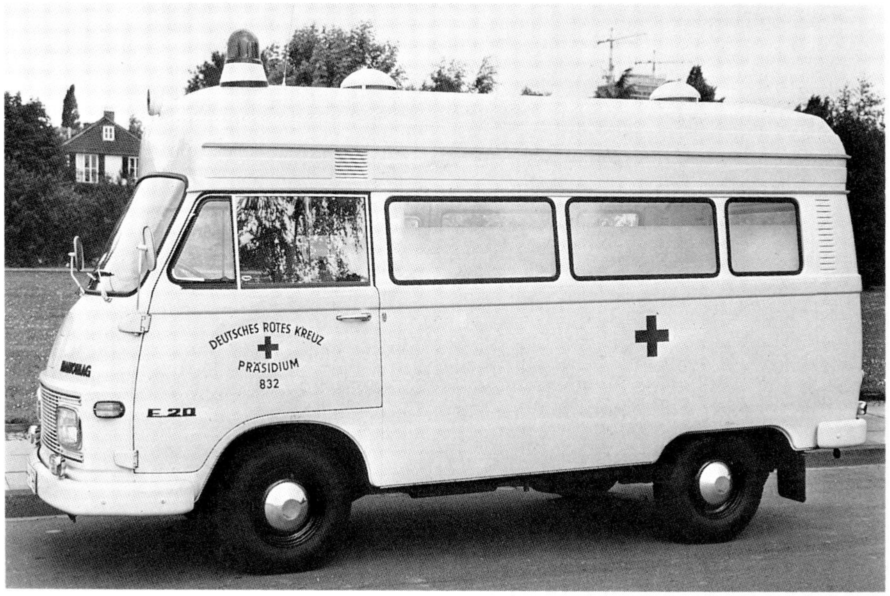

Krankentransportwagen des DRK. Hanomag F 20 (Bauzeit 1967 bis 1969). Erhöhtes Dach und Einrichtung von Miesen. Benzinmotor (Austin) 54 PS oder Dieselmotor (Hanomag) 50 PS.

Krankentransportwagen des DRK, Landesverband Baden-Württemberg. Hanomag-Henschel F 20 (Bauzeit 1969 bis 1972). Erhöhtes Dach und Einrichtung von Binz. Auch dieser Typ war wahlweise mit 54-PS-Benzinmotor oder 50-PS-Dieselmotor erhältlich.

Krankentransportwagen Opel Kapitän (Bauzeit 1964 bis 1968). Aufbau von Miesen.

Mehrtragen-Krankentransportwagen Opel Blitz 1,9 t (Bauzeit 1971 bis 1974). Aufbau mit erhöhtem Dach und Einrichtung von Binz. In dieser Ausführung wurde er auch als Rettungswagen »Modell Dr. Appia« verwendet.

»Unfallwagen« der Berufsfeuerwehr Hannover. Opel Blitz 1,9 t (Bauzeit 1959 bis 1965). Aufbau von Miesen.

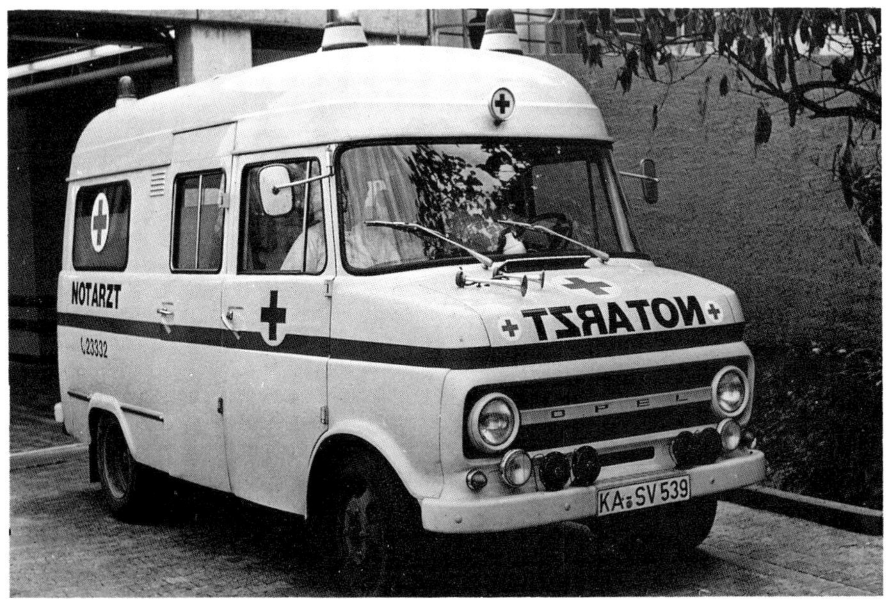

Notarztwagen des DRK Karlsruhe. Opel Blitz 1,9 t. Aufbau mit erhöhtem Dach und Einrichtung von Binz.

KTW des DRK-Landesverbands Baden-Württemberg. Citroen HY 1500 mit Einrichtung von Miesen. Baujahr 1967. Niedrige Einladehöhe, Stehhöhe von 1,75 m und eine gute Federung waren die Vorteile dieses französischen Kastenwagens, der – hauptsächlich wegen seiner billigen Verarbeitung – in Deutschland eine Ausnahmeerscheinung blieb.

Eintragen-Krankentransportwagen der BF Köln. Mercedes-Benz 190 (Typ W 110). Aufbau mit erhöhtem Dach von Miesen. Die Baureihe 190/190 D wurde von 1961 bis 1965 gefertigt und vom 200/200 D abgelöst.

Rettungswagen (»Binz Reanimobil«) Mercedes-Benz L 207 (Bauzeit 1973 bis 1977). Aufbau und Einrichtung von Binz. Diese Baureihe – anfangs mit dem 70-PS-Austin-Benzinmotor – war von den Hanomag-Transportern abgeleitet.

Krankentransportwagen der BF Köln. Mercedes-Benz 200 (Typ W 110), Bauzeit 1965 bis 1968. Aufbau mit erhöhtem Dach (»Haifischzahn«) von Miesen. – Die Baureihe 200/200 D besaß die gleiche Karosserie wie ihre Vorgängerin 190/190 D.

Eintragen-Krankentransportwagen der BF Hamburg. Mercedes-Benz 190 (Typ W 110). Aufbau mit erhöhtem Dach vom Hermann Karosseriewerk, Hamburg. Baujahr 1962.

Krankentransportwagen Mercedes-Benz 200/200 D (Typ W 110). Aufbau mit erhöhtem Dach und erhöhter Seitentür von Binz.

Eintragen-Krankentransportwagen des DRK-Landesverbands Hamburg. Mercedes-Benz 190 (Typ W 110). Aufbau mit erhöhtem Dach vom Herrmann Karosseriewerk, Hamburg. Baujahr 1961.

Krankentransportwagen Mercedes-Benz 200 D (Typ W 110) mit verlängertem Radstand 3350 mm, der 1967 für den Siebensitzer aufgelegt worden war. Aufbau mit erhöhtem Dach von Binz.

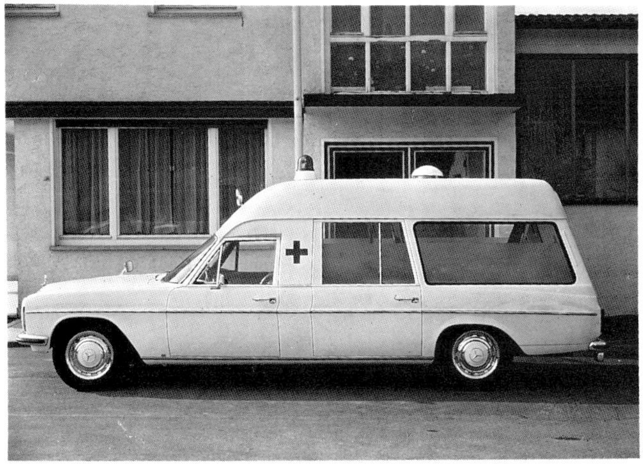

Typ W 115
Radstand 3400 mm (normal: 2750 mm)

Typ	200 D	220 D	240 D	230–6
Werksbezeichnung	W 115 D 20	W 115 D 22	W 115 D 24	W 114 V 23
Produktionszeit	1967–1968	1968–1973	1973–1976	1968–1976
Motor	4 Zylinder-Diesel-motor	4 Zylinder-Diesel-motor	4 Zylinder-Diesel-motor	4 Zylinder-Diesel-motor
Leistung	55 PS (40 kW)	60 PS (44 kW)	65 PS (48 kW)	120 PS (88 kW)

Links oben: Krankentransportwagen Mercedes-Benz Typ W 115, Radstand 2750 mm. Aufbau Binz (»Europ 1100«).
Mitte: Krankentransportwagen Mercedes-Benz Typ W 115, Radstand 3400 mm. Aufbau Binz (»Europ 1250 S«). Der »lange Radstand« ermöglichte es endlich, daß der Betreuer vor Kopf der Trage sitzen konnte.
Links unten: Krankentransportwagen Mercedes-Benz Typ W 115, Radstand 3400 mm. Aufbau Miesen (»Bonna 2600«).

Krankentransportwagen der Berufsfeuerwehr Hamburg. Mercedes-Benz 200 D – Lang. Aufbau Herrmann Karosseriewerk, Hamburg.

Krankenkraftwagen der Werkfeuerwehr Henkel in Düsseldorf. Mercedes-Benz 300 d (W 189, Bauzeit 1957 bis 1962).
Bezüglich Raumangebot und Federung war der MB 300 ohne Zweifel für Krankentransport und Unfallrettungsdienst hervorragend geeignet, aber keine Sanitätsorganisation hätte ihn sich leisten können. Auf persönliche Initiative des Chefs der Henkel-Werke wurde im Dezember 1961 und im Juli 1962 je ein weißer »Dreihunderter« nach Umbau und Einrichtung durch Miesen der Werkfeuerwehr zur Verfügung gestellt. Das Bild zeigt den zweiten MB 300. Der erste Krankenkraftwagen wurde am 9. 12. 1969 der Johanniter-Unfallhilfe des Kreises Mettmann, der zweite am 2. 10. 1970 der DLRG Düsseldorf-Unterbach geschenkt, wo sie noch mehrere Jahre liefen.
Ein weiterer MB 300 als Krankenkraftwagen wurde von Miesen für den Werksärztlichen Dienst der Buderus-Werke in Wetzlar gebaut.

Für die Sanitätspolizei Bern bauten Binz und Miesen 1958 je einen MB 300 zum Krankenwagen um. Das Bild zeigt die Ausführung Miesen.

Rettungswagen Ford Transit 1100 (Bauzeit 1965 bis 1970). Aufbau von Binz (»Reanimobil«).

Rettungswagen Ford Transit 1100 (Bauzeit 1965 bis 1970). Aufbau von Miesen (»Medimobil«).

Rettungswagen und Krankentransportwagen

Viertragen-Krankentransportwagen Ford Transit FT 130 (Bauzeit ab 1978). Aufbau von Binz.

Krankentransportwagen Mercedes-Benz Typ W 123 (Bauzeit 1978 bis 1986). Radstand 3425 mm. Aufbau von Miesen (»Bonna 2500«).

Krankentransportwagen Mercedes-Benz Typ W 123 (Bauzeit 1978 bis 1986). Radstand 3425 mm. Aufbau von Binz (»Ambulance 2000 lang«).

Typ W 123
Radstand 3425 mm (normal: 2795 mm)

Typ	240 D	300 D	250 D
Werksbezeichnung	W 123 D 24	W 123 D 30	W 123 V 25
Produktionszeit	1977–1986	1977–1986	1978–1986
Motor	4 Zylinder-Dieselmotor	5 Zylinder-Dieselmotor	6 Zylinder-Vergasermotor
Leistung	65 PS (48 kW)	80 PS (59 kW)	129 PS (95 kW)
Leistung ab 1979	72 PS (53 kW)	88 PS (65 kW)	140 PS (103 kW)

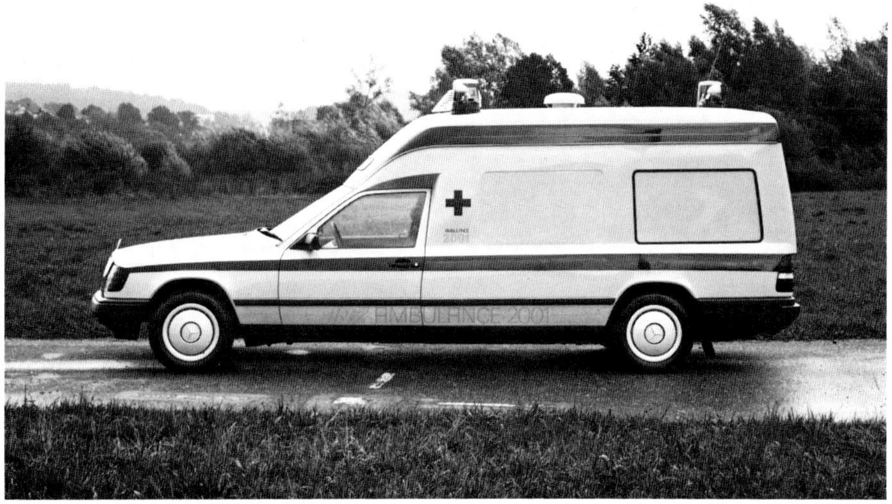

Auf der Internationalen Automobil-Ausstellung 1985 zeigten Binz und Miesen erstmalig Krankentransportwagen auf der Basis des Mercedes-Benz W 124. Der lange Radstand ist für die Typen 250 D und 230 E lieferbar. – Im Bilde der Aufbau in der Ausführung von Binz.

VW-Krankenwagen der BF Hannover, Baujahr 1969. Luftgekühlter 1,6-l-Boxermotor, Leistung 50 PS.

Im April 1975 stellte die Volkswagenwerk AG eine völlig neue Transporter-Baureihe vor: den *Lastentransporter LT*. Nicht mehr mit Boxermotor im Heck wie beim Typ 2, sondern mit vornliegendem (wassergekühlten) Vierzylinder-Reihenmotor, wahlweise Diesel- oder Vergasermotor ist die LT-Reihe ausgestattet, von deren Modellen mehrere für den Rettungsdienst in Frage kommen.

VW LT-Baureihe
Radstand 2500 mm

Typ	LT 28	LT 28 D	LT 31	LT 31 D
Produktionszeit	ab 1975	ab 1976	ab 1975	ab 1976
Motor	4 Zylinder-Vergasermotor	4 Zylinder-Dieselmotor	4 Zylinder-Vergasermotor	4 Zylinder-Dieselmotor
Leistung	75 PS (55 kW)	65 PS (48 kW)	75 PS (55 kW)	65 PS (48 kW)
zulässiges Gesamtgewicht	2800 kg	2800 kg	3080 kg	3080 kg

VW LT 31 als Viertragen-Krankentransportwagen, Einrichtung von Binz.

VW LT 31 als Rettungswagen, Einrichtung von Binz.

VW Typ 2 als Krankentransportwagen. Aufbau mit Dehler-Hochdach von Binz.

VW LT 31 als Rettungswagen, Einrichtung von Miesen.

Die Mercedes-Benz-Kastenwagen aus Düsseldorf und Bremen

Die *»Düsseldorfer« Baureihe* eignet sich sowohl für Rettungswagen als auch Krankentransportwagen (bis zu 4 Liegenden) nach DIN 75080.

Radstände: 2950 mm und 3500 mm)

Typ	L 409	L 508 D	L 613 D	L 407 D
Motor	4 Zylinder-Vergaser-motor	4 Zylinder-Diesel-motor	6 Zylinder-Diesel-motor	4 Zylinder-Diesel-motor
Leistung	90 PS (66 kW) *ab 1982:* L 410 95 PS (70 kW)	85 PS (63 kW)	130 PS (96 kW)	72 PS (53 kW)

Rettungswagen Mercedes-Benz L 409, Radstand 2950 mm. Sanitätseinrichtung von Binz.

Die *»Bremer« Baureihe* (ab Ende 1984 ebenfalls im Werk Düsseldorf produziert) ist für Krankentransportwagen nach DIN 75080 geeignet.

Radstände: 3050 mm und 3350 mm)

Typ	207 D	208	307 D	308
Motor	4 Zylinder-Diesel-motor	4 Zylinder-Vergaser-motor	4 Zylinder-Diesel-motor	4 Zylinder-Vergaser-motor
Leistung	65 PS (48 kW)	85 PS (63 kW) *ab 1982:* 210 95 PS (70 kW)	65 PS (48 kW)	85 PS (63 kW) *ab 1982:* 310 95 PS (70 kW)

Krankentransportwagen für 4 Liegende. Mercedes-Benz L 408, Einrichtung von Miesen *(s. auch Bild Mitte).*

Die bodengebundenen Rettungsdienste werden durch Sanitätsflugzeuge und vor allem Rettungshubschrauber wirkungsvoll ergänzt.
Die erfolgreiche Zusammenarbeit mit Notarztwagen wird in der Bundesrepublik täglich viele Male praktiziert *(s. auch folg. Bild)*.

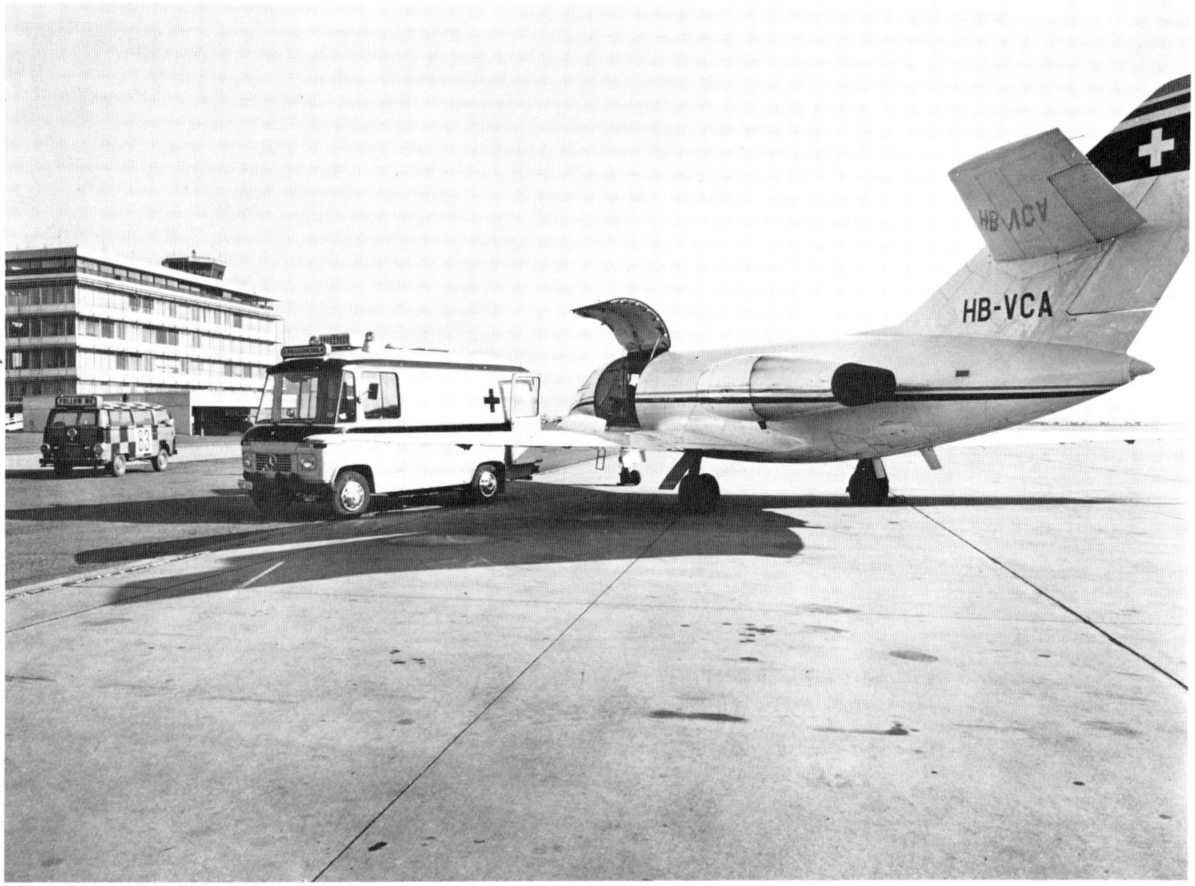

Mercedes-Benz 208, erhöhtes Dach, Sanitätseinrichtung von Binz, als Rettungswagen *(oben)*.

Mercedes-Benz 208, normale Dachhöhe, Sanitätseinrichtung von Miesen, als Krankentransportwagen *(Mitte)*.

Mercedes-Benz 308, erhöhtes Dach, Sanitätseinrichtung von Miesen, als Rettungswagen *(unten)*.

Krankentransportwagen der Werkfeuerwehr Adam Opel AG, Rüsselsheim. Opel Senator, Baujahr 1984. Fahrgestellverlängerung von Berger/Frankfurt, Aufbau und Einrichtung von Miesen.

Mercedes-Benz 307 D, erhöhtes Dach. Sanitätseinrichtung von Herrmann/Hamburg, als Rettungswagen.

Krankentransportwagen Opel Rekord, Baujahr 1984. Der Normalradstand wurde beibehalten, jedoch der hintere Überhang verlängert. Aufbau von Miesen.

Jüngster Sproß: das Notarzt-Einsatzfahrzeug

Im Oktober 1982 wurde erstmals ein Spezialfahrzeug für den Rettungsdienst genormt, das zum Transport des Notarztes und einer medizinischen Ausrüstung für die Wiederherstellung und Aufrechterhaltung der Vitalfunktionen von Notfallpatienten besonders geeignet ist. Es erhielt die Bezeichnung »Notarzt-Einsatzfahrzeug«, abgekürzt NEF. Die an das NEF zu stellenden technischen Forderungen und die mitzuführende Ausrüstung wurden in der DIN 75079 festgelegt. Das NEF wird insbesondere im Rendezvous-System eingesetzt, bei dem es getrennt und unabhängig vom Rettungswagen zum Einsatzort fährt und sich dort mit ihm trifft, um gemeinsam tätig zu werden.

Als Basisfahrzeuge kommen Pkw mit einer Heckklappe oder mit vier Türen in Frage. Die medizinischen Geräte und andere Ausrüstung müssen nämlich unter allen Umständen schnell und sicher entnommen werden können. Deshalb scheiden zweitürige Pkw-Modelle aus. Die gesamte Ausrüstung muß vom Fahrgastraum derart getrennt gelagert sein, daß Verletzungen bei Verkehrsunfällen so gut wie ausgeschlossen sind. Das Notarzt-Einsatzfahrzeug muß nach dieser Norm über Zentralverriegelung, auch für den Gepäckraum, und Servolenkung verfügen. Mit zwei Personen und 100 kg Beladung muß es aus dem Stand innerhalb von 15 Sekunden mindestens auf 80 km/h beschleunigen können.

Seine Außenlackierung ist elfenbein, glänzend, RAL 1014, mit horizontal umlaufendem Streifen in leuchtrot. Allerdings ist es den einzelnen Organisationen – genau wie bei Rettungswagen und Krankentransportwagen – freigestellt, ihre eigenen Vorschriften zur farblichen Kennzeichnung anzuwenden, also zum Beispiel bei den Feuerwehren in rot bzw. leuchtrot.

Man sieht als Notarzt-Einsatzfahrzeuge die Modelle fast aller deutschen Automobilwerke.

Notarzt-Einsatzfahrzeug Porsche 924. Seit 1977 im Raume Würzburg im Einsatz. Die Ausrüstung ist unter der Heckklappe griffbereit untergebracht.

Notarzt-Einsatzfahrzeug Mercedes-Benz 230 E, Einbauten von Miesen.

Notarzt-Einsatzfahrzeug Ford Granada L, Einbauten von Miesen.

Der Porsche 924 Turbo als Notarzt-Einsatzfahrzeug ist mit einer Höchstgeschwindigkeit von 225 km/h und einer Beschleunigung von 0 auf 100 km/h in 7,8 Sekunden zur Zeit kaum zu schlagen.

Notarzt-Einsatzfahrzeug Audi 80 Quattro, Einbauten von Binz. Stationiert in Bad Krozingen.

Beim DRK-Kreisverband Stuttgart wurden 1982 ein Porsche 944 und 1983 ein weiterer Porsche 944 als Notarzt-Einsatzfahrzeuge in Dienst gestellt. Das Bild zeigt das im Jahre 1982 beschaffte Notarzt-Einsatzfahrzeug.

Notarzt-Einsatzfahrzeug Mercedes-Benz 190 E, Einbauten von Miesen.

Notarzt-Einsatzfahrzeug VW Golf, Einbauten von Miesen. Stationiert beim Arbeiter-Samariter-Bund im Kreis Stormarn.

Notarzt-Einsatzfahrzeug VW Golf, Einbauten von Binz.

Lackierungen – leider nicht einheitlich

Der Farbanstrich spielt, wie leicht einzusehen ist, bei jedem Einsatzfahrzeug eine große Rolle. Er soll es so auffällig wie nötig und so eindeutig wie möglich kennzeichnen, damit es im Straßenverkehr frühzeitig erkannt und beachtet wird. Das gilt auch für den Krankenkraftwagen.

Die ersten Krankenwagen waren sozusagen »graue Mäuse«. DIN FANOK 20 und DIN FANOK 26 sagten nur soviel über den Farbanstrich aus, daß das Dach weiß sein müsse und die Farbe der Außenlackierung nach der RAL-Farbtonkarte zu vereinbaren sei. Damit war also fast alles frei wählbar, aber es herrschte unbegreiflicherweise ein dezentes Grau vor.

Nach dem Zweiten Weltkrieg wurde »elfenbein glänzend« für den Aufbau Normvorschrift. Auch die Feuerwehren hielten sich anfangs überwiegend im Bereich des reinen Krankentransports daran, gingen dann aber zum üblichen Feuerwehrrot über, das exakt »feuerrot« (RAL 3000) heißt, nach Einführung der Tagesleuchtlackfarben überwog Leuchtrot (RAL 3024).

Es begann nun eine Zeit der rot-weißen Mischlackierungen unterschiedlicher Ausführung, sicherlich in der guten Absicht, den größtmöglichen Aufmerksamkeitswert zu erzielen.

In Nordrhein-Westfalen regelt seit dem 19. Juni 1978 ein gemeinsamer Erlaß des Innen- und des Finanzministers die Farbgebung der Rettungsdienstfahrzeuge dieses Bundeslandes – abweichend von DIN 75080. Der Aufbau ist in Leuchtrot zu halten, ausgenommen sind Dach, Fahrer- und Beifahrertür und die Stoßfänger, die sämtlich reinweiß zu lackieren sind. Dieser Erlaß gilt für alle Organisationen und die Feuerwehr.

Eine völlig neue Farbnote brachten einige Ortsvereine des Arbeiter-Samariter-Bundes in den Verkehr. Erst Dunkelgrün, dann sattes Hellgrün, mit weißen Kotflügeln, aber in fast jedem Ortsverein sah es etwas anders aus. Anzutreffen waren diese grünen Krankenkraftwagen vor allem in Hessen, besonders in den Räumen Frankfurt und Kassel. Von der Bundesgeschäftsstelle in Köln wurde inzwischen »reinweiß« verordnet, und nach und nach verschwinden die »Grünlinge« aus dem Straßenverkehr.

Die an sich wünschenswerte bundesweit einheitliche Kennzeichnung der Rettungsfahrzeuge aller Organisationen ist derzeit nicht erreichbar.

Rettungswagen VW LT 31/Miesen, lackiert nach Vorschrift der DIN 75080 Teil 1 in elfenbein (RAL 1014) und mit leuchtroten Reflexbändern ausgestattet.

Krankentransportwagen Mercedes-Benz 308/Binz, lackiert gemäß Erlaß des Landes Nordrhein-Westfalen.

Krankentransportwagen Mercedes-Benz 240 D/Binz, lackiert gemäß Erlaß des Landes Nordrhein-Westfalen.

Krankentransportwagen Mercedes-Benz 300 D/Miesen, lackiert nach Vorschrift des Flughafens Frankfurt Main.

Kapitel 9

Zwei Firmenporträts

Christian Miesen GmbH in Bonn

CHR. MIESEN

Fahrzeug- und Karosseriewerke Bonn

Krankenkraftwagen

Karosserie-Werk Chr. Miesen

BONN

Dottendorferstraße 165

An der Auto-Straße Bonn-Koblenz

Ruf 6503

Haltestelle „Dottendorferstraße" der Fernbahn Bonn-Mehlem

Am 1. Juni 1870 gründete der Wagenschmied Christian Miesen im Alter von 27 Jahren zusammen mit seinem Freund Heinrich Burmeister in der Bonner Langgasse 2 eine Wagenbauerei. Heinrich Burmeister betrieb die Stellmacherei. Sie stellten Pferdekutschen für jeden Bedarf her. Schon sechs Jahre später ist Christian Miesen Alleininhaber, da sein Kompagnon ausscheidet. Weil sich das Geschäft rasch ausweitet, wird im Jahre 1884 der Werkstattbetrieb zur Sandkaule 11 verlegt. 1898 wird eine Dampfmaschine angeschafft und stolz nennt sich die junge Firma daraufhin »Wagenfabrik, Carosseriewerk mit Dampfbetrieb«.
Unter den mit größtem handwerklichen Geschick hergestellten Kutschen sind auch etliche für den Krankentransport, die erste entsteht im Jahre 1905. Zu diesem Zeitpunkt werden bei Miesen die ersten Karosserien für Automobile nach eigenen Entwürfen hergestellt. Es handelt sich überwiegend um »Luxus-, Reklame- und Geschäftswagen«, wie es in einem Firmenprospekt heißt.
Immer mehr nimmt das Geschäft zu, so daß 1901 der gesamte Betrieb nochmals verlegt werden muß, und zwar in die Dottendorfer Straße 165, wo sich die Firma heute noch befindet. 1902 beschäftigt Christian Miesen schon dreißig Arbeiter. Im selben Jahr übernehmen seine beiden Söhne Gustav und Peter die Geschäftsführung.
Langsam aber stetig wächst das Unternehmen in die Rolle eines Spezialherstellers von Sanitätsautomobilen hinein. In den dreißiger Jahren werden zahlreiche Fahrgestelle damaliger Automobilwerke zum Bau von Krankenwagen verwendet, zum Beispiel von Horch, Opel und Mercedes-Benz.
Patente für Krankentragenlagerungen, wie die Schiebebühne und anderes, werden erteilt. Im Kriege wird Miesen einer der Hauptlieferanten für das Rote Kreuz.
Nach dem Zweiten Weltkrieg erhielt die Firma ihren ersten Auftrag von der britischen Militärregierung: eine Volkswagen-Limousine war für den Krankentransport einzurichten. Es folgten die ersten 1,5-t-Opel Blitz für das DRK, Opel Olympia und Mercedes 170 V. Der Übergang zu den Ganzstahlaufbauten wurde 1953 vollzogen.

Heute fertigt die *Christian Miesen GmbH, Fahrzeug- und Karosseriewerk,* die gesamte Palette der Rettungsfahrzeuge, ob genormt oder aufgrund spezieller Anforderungen entwickelt. Die Krankentransportwagen »Bonna« und die Rettungswagen »Medimobil« sind ihre bekanntesten Erzeugnisse, aber eben nur ein Teil ihres Programmes. Aufträge mit aufwendiger oder nicht alltäglicher Technik kommen zumeist aus dem Ausland.
Zahlreiche Patente und Gebrauchsmuster, zum Beispiel auf dem Sektor der Tragenlagerungen, zeugen von ständiger Entwicklungsarbeit und Innovationsfreudigkeit. Die Firma hat in den letzten Jahren ihre Fertigungsanlagen ständig modernisiert und erweitert. Der überwiegende Teil ihrer Produktion wird in alle Welt exportiert.

DRK-Einheitskrankenwagen auf Opel Blitz 1,5 t, zur Abholung im Karosseriewerk Christian Miesen in Bonn bereit (1942).

DRK-Einheitskrankenwagen auf Ford vor dem Firmengebäude zur Abnahme aufgestellt (1942).

Binz GmbH & Co. in Lorch

Michael Binz gründete im Jahre 1936 im württembergischen Lorch die Lorcher Karosseriefabrik Binz & Co. In den ersten Jahren karossiert man Taxen, Omnibusse und verschiedene Spezialfahrzeuge. Nach dem Kriegsausbruch beginnt die Lieferung von Wehrmachtsfahrzeugen wie Kübelwagen und Funkwagen. Auch Krankenwagen werden vereinzelt gebaut, sowie in großer Stückzahl Sanitätsschlitten.

Nach dem Kriege baut Binz zunächst Fahrerhäuser für Krupp-Lastwagen und Gutbrod-Lieferwagen. Im Jahre 1955 beginnt ein neues Kapitel in der Firmengeschichte: man spezialisiert sich auf den Bau von Krankenkraftwagen. Mit dem Typ 180 von Daimler-Benz tritt die Firma Binz sofort in die neue Ganzstahlbauweise ein. Schon 1965 verlängert Binz – noch vor Serienanlauf bei Daimler-Benz – in Absprache mit dem Werk erstmalig einige Fahrgestelle des Typs 190 D um 650 mm.

Seither liegt das Schwergewicht der Binz-Produktion bei den Fahrgestellen und Kastenwagen des Fabrikats Daimler-Benz für den Bau von genormten Rettungs- und Krankentransportwagen. Natürlich wird auf Wunsch jedes geeignete Chassis, insbesondere für Spezialfahrzeuge des Rettungsdienstes, verwendet, zum Beispiel Busse und Geländewagen. Behindertentransportwagen, Notarzt-Einsatzfahrzeuge, Blutspendewagen und fahrbare Kliniken runden das Lieferprogramm ab.

Namentlich in den letzten zehn Jahren wurden die Werksanlagen beträchtlich erweitert und modernisiert. Die Produkte aus Lorch sind unter der Firmenbezeichnung »Binz Ambulance« in der ganzen Welt bekannt und gefragt.

Krankenkraftwagen-Produktion Ende der fünfziger Jahre in Lorch.

Lorcher Karosseriefabrik
Binz & Co.
(14a) Lorch Württ.
Fernsprecher Nr. 416

Ausschnitt aus dem heutigen Fertigungsprogramm.

BINZ
AMBULANCE

Kapitel 10

Forschung und Entwicklung beim Rettungswagen

Eine Hochschule weist neue Wege

Rettungswagen sind von Nutzfahrzeugen der Transporterklasse abgeleitete Sonderfahrzeuge. Daher ist die Schwingungsabstimmung zwischen der Fahrzeugfederung und der gefederten Patientenlagerung im Krankenraum meist unvollkommen; jedenfalls könnte sie verbessert werden. Weil die Schwingungsbelastung für den Patienten in manchen Rettungswagen immer noch als zu hoch anzusehen ist, wurde das Institut für Kraftfahrwesen (ika) der Technischen Hochschule Aachen im Jahre 1976 vom Deutschen Roten Kreuz mit der Entwicklung eines verbesserten Rettungswagens beauftragt. Das Projekt wurde vom Bundesverkehrsminister finanziell gefördert.

Das ika wählte als Basisfahrzeug den Fiat-Transporter 242, weil dieses Modell über Frontantrieb und Einzelradaufhängung verfügte sowie einen sehr niedrigen Wagenboden aufwies – technische Merkmale also, die diesen Serientransporter von vornherein als sehr geeignetes Ausgangsmodell auswiesen.

Die ika-Ingenieure gingen wissenschaftlich-gründlich an die gestellte Aufgabe heran. Für das Feder-Masse-System von Fahrzeug, Krankentrage und Patient wurde ein mathematisches Ersatzmodell gebildet, mit dessen Hilfe die Änderungen aller für die Schwingungsbelastung relevanten Einflußgrößen auf einem Analogrechner durchgespielt werden konnten. Diese rechnergestützten Untersuchungen an dem dreidimensionalen Simulationsmodell mußten natürlich auch die dynamischen Fahrei-

Ein Fiat 242 wurde 1977 vom Institut für Kraftfahrwesen der TH Aachen als Basismodell für einen schwingungsoptimierten Rettungswagen verwendet. An den vorderen Radaufhängungen und an der Hinterachse sind Gasfedern angeordnet, vorne zusätzlich mit hydraulischer Niveauregulierung und Dämpfung.
Technische Daten des Fiat 242: Motorleistung 70 PS bei 4200/min, zulässiges Gesamtgewicht 3500 kg, Radstand 3200 mm, Länge 4961 mm, Höhe 2600 mm.

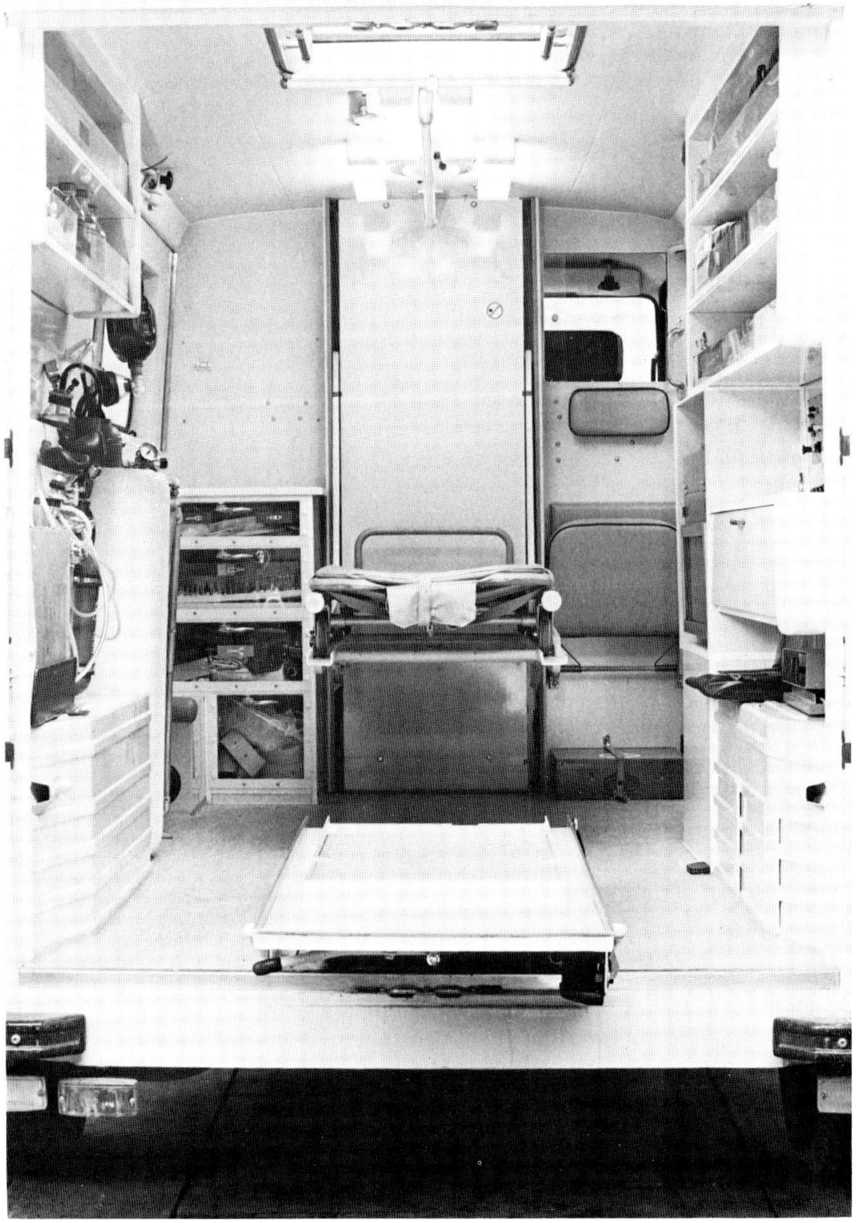

Ein ungewohnter Anblick im Krankenraum: die Patientenlagerung ist an der Trennwand angebaut, der Patient also mit den Füßen in Fahrtrichtung gelagert. Ins Auge fallend ist der dank Vorderradantrieb ungewöhnlich niedrige Wagenboden.

genschaften berücksichtigen, denn eine an sich erwünschte »weiche« Federung beeinflußt das Fahrverhalten unweigerlich negativ.
Die Verbesserungsvorschläge der Wissenschaftler betrafen sowohl die Fahrzeugfederung als auch die Art der Patientenlagerung. An den vorderen Radaufhängungen wurde je eine Gasfeder mit integrierter hydraulischer Niveauregulierung und Dämpfung angeordnet. An der Hinterachse baute man ebenfalls eine Gasfeder ein, der noch eine Stahlfeder parallelgeschaltet wurde. Das Ergebnis war eine wesentliche Verminderung der Schwingungsbelastung für den Patienten. Darüber hinaus schlugen die Hochschulingenieure vor, den Patienten *zwischen* Vorder- und Hinterachse, also im bestgefederten Bereich, zu lagern, und zwar mit den Füßen nach vorn! Dieses »Umdrehen« des Patienten war geradezu revolutionär zu nennen. – »Diese auch aus Gründen des subjektiven Wohlbefindens des Patienten und der passiven Sicherheit günstigere Art des Transportes kann als wesentliches Merkmal der neuen Patientenlagerung angesehen werden«, begründete das ika seinen zunächst ungewöhnlich anmutenden Vorschlag.
Ein Fiat 242 wurde nach diesen theoretischen Untersuchungen anschließend als Prototyp umgebaut. Die Sanitätseinrichtung stammte von Miesen. 1977 wurde der RTW Fachleuten des Rettungswesens vorgestellt. Das Institut für Kraftfahrwesen hatte damit bewiesen, daß der Federungskomfort bei geeigneten Serien-Transportern mit geringem Bauaufwand und vertretbaren finanziellen Mitteln erheblich verbessert werden kann. Leider blieb es bei dieser überzeugenden Demonstration. Eine Übertragung auf die Fertigung von Rettungswagen erfolgte bisher nicht.

Das Projekt SAVE von Porsche

Krankenkraftwagen – ob KTW oder RTW – werden bisher stets von den traditionellen Aufbauherstellern dieser Branche im Rahmen der geltenden Normen entwickelt und gebaut. Die Anwender, also die im Rettungsdienst tätigen Organisationen, bringen dazu ihre praktischen Erfahrungen ein. Für eigene Grundsatzforschungen fehlen diesen mittelständischen Betrieben Zeit und Mittel. Eine generelle wissenschaftlich-technische Untersuchung des Gesamtkomplexes »Rettungswagen« unter Einbeziehung medizinischer Erfordernisse durch ein unabhängiges Forschungsinstitut oder eine vergleichbare Institution gab es, abgesehen von der Aachener Federungsuntersuchung, in Deutschland bislang nicht.
Dieser Mangel wurde 1975 vom Bundesministerium für Forschung und Technologie (BMFT) erkannt, das daraufhin dem Porsche-Entwicklungszentrum in Weissach den Forschungsauftrag erteilte, einen »Rettungswagen der achtziger Jahre« mit gesteigertem Nutzwert zu entwikkeln.
Die erfahrenen Ingenieure des Porsche-Teams, an vielerlei Entwicklungsaufträge aus der Industrie gewöhnt, begannen mit Analysen und Studien des herkömmlichen Rettungswagens. Daraus resultierten eine Definitionsstudie, ein Lastenheft und schließlich zwei Jahre später ein Prototyp. Den stellte der damalige BMFT-Minister Hans Matthöfer am 2. Juni 1977 anläßlich einer Sitzung der Ständigen Konferenz Rettungswesen in Weissach erstmals der Öffentlichkeit vor.
Dieser völlig neukonzipierte Rettungswagen erhielt den doppeldeutigen Namen SAVE, gebildet aus den Anfangsbuchstaben seines Zweckes, nämlich »Schnelle Ambulante Vorklinische Erstversorgung«, außerdem bedeutet »save« im englischen bekanntlich »retten«. Das Konzept SAVE besteht aus einem geeigneten Trägerfahrzeug der Transporterklasse – beim Prototyp war es ein Mercedes-Benz 208 – und einer mobilen Rettungseinheit in Form eines absetzbaren Kunststoffaufbaues. Diese strikte Trennung von Fahrgestell und Aufbau, ähn-

Ein Rettungswagen SAVE, Mercedes-Benz 208, bei der Berufsfeuerwehr Hamburg zur Erprobung im Jahre 1979.

12 Rettungswagen SAVE waren am 18. September 1979 in Meckenheim bei Bonn aufgefahren, um im Auftrag des Bundesministers für Forschung und Technologie an Sanitätsorganisationen und Feuerwehren zur Felderprobung übergeben zu werden.

Die Rettungseinheit aus GFK-PUR, die den Krankenraum bildet, ist vom Trägerfahrgestell gelöst und auf vier Stützen abgestellt.

lich wie bei einem Wechselladerfahrzeug, versprach mehrere Vorteile: einfaches Auswechseln der Rettungseinheit nach einem Schadensfall,
variable Gestaltung des Innenraumes mit integrierten Einrichtungen,
Verlastung auf Lkw und Eisenbahnwaggons sowie unter Hubschraubern, zum Beispiel im Katastrophenfall,
Zusammenstellung von mehreren Rettungseinheiten zu Versorgungseinheiten oder Notlazaretten.
Zudem wurde eine preisgünstigere Fertigung sowie eine längere Betriebszeit der aus glasfaserverstärktem Polyurethan (GFK-PUR) im Sandwich-Depot-Verfahren hergestellten Zelle erwartet.
Am 18. September 1979 startete eine bundesweite einjährige Felderprobung mit 12 Prototypen, für die Trägerfahrzeuge von Mercedes-Benz, Typ 208, und VW, Typ LT 28, Verwendung fanden. Beteiligt waren alle Sanitätsorganisationen, ein Bundeswehrkrankenhaus, die Freiwilligen Feuerwehren und Berufsfeuerwehren. Bei insgesamt 10863 Einsätzen in 23 Städten wurden 146066 Kilometer zurückgelegt – sicherlich ausreichend, um ein breites Erfahrungsspektrum zu erhalten.
Es gab reichlich Kritik. Lag es daran, daß zuviel Neues auf einmal geboten worden war? Nicht nur. Zunächst die Beanstandungen der beteiligten Notärzte: es war zu eng in der Rettungskabine. Die beiden neuartigen Stehsitze standen häufig im Wege, Arzt und Sanitäter behinderten sich manchesmal gegenseitig, weil sich ihre Arbeitswege kreuzten. Das EKG-Gerät war vor Kopf der Trage unzweckmäßig untergebracht, die Sprechverbindung zum Fahrer unzureichend. »Die Kabineneinrichtung wurde nicht akzeptiert«, schrieb die Zeitschrift »Notfallmedizin« in ihrer Ausgabe Nr. 9/1983.
Auch die Fahrer hatten einiges zu bemängeln. Wenngleich die Fahrzeugfederung im allgemeinen als annehmbar beurteilt wurde, so war die Aufbauneigung bei Kurvenfahrten auffallend groß und konnte durchaus bei den Mitfahrern zu einem Gefühl der Verunsicherung führen. Der Kraftstofftank war in der Praxis viel zu klein bemessen, eine höhere Motorleistung wünschenswert.
Die phantasievolle Dreifarben-Aufbaulackierung in elfenbein, blau und rot ließ allerdings das für ein Einsatzfahrzeug typische Erscheinungsbild vermissen, so daß der SAVE häufig Schwierigkeiten hatte, sich im Verkehr mit hinreichender Deutlichkeit bemerkbar zu machen. Da überdies die üblichen Blaulichter auf dem Dach durch ein *im* Dach eingelassenes blaues Leuchtband ersetzt waren, fehlte auch dieses bekannte Identifikationsmerkmal eines Wegerechtfahrzeugs.
Technische Mängel sind an sich bei einem Prototypfahrzeug als normal anzusehen. Noch war der Stand des konventionellen Rettungswagenbaues nicht erreicht. Alle aufgezeigten Mängel wurden analysiert, eine umfassende Überarbeitung und Nachbesserung waren die Folge. 1983 ging der SAVE in die Nacherprobung. Außerdem wurde als Systemvariante ein Viertragen-Krankentransportwagen gebaut. Seitdem ist es um den SAVE ruhiger geworden. Über seine weitere Verwendung soll nach Ablauf einer Markterkundungsphase entschieden werden, die im Mai 1985 begann und am 30. Juni 1986 beendet sein wird. Die bekannten Rettungsfahrzeughersteller werden vier SAVE-Fahrzeuge mit seriennaher Innenausstattung in firmenspezifischer Ausführung vorstellen. Drei Fahrzeuge sind als RTW bzw. NAW, eines als Viertragen-KTW eingerichtet.

Das Trägerfahrgestell, ein Mercedes-Benz Typ 208, ist zur Aufnahme der Rettungseinheit vorbereitet. Das Fahrerhaus wurde zur Angleichung der Bauhöhe an die Rettungseinheit erhöht. Hinter dieser Verkleidung sind die Frischluftkanäle sichtbar.

Rückansicht des Rettungswagens SAVE mit geöffneter Heckklappe.

Alexander Stude aus Braunschweig, früher selber mit dem Rettungswesen befaßt, drückt in seiner Karikatur aus, wie moderne Rettungswagen beschaffen sein sollten, nämlich schnell und kostengünstig. Gleichzeitig möchte er vor überzogener Technik warnen.

Kapitel 11

Die Sanitätsfahrzeuge der Bundeswehr

Für den Kranken- und Verwundetentransport verfügt die Bundeswehr über verschiedene Typen von Krankenkraftwagen, deren Ausstattung sowohl sanitätstechnische als auch militärische Forderungen berücksichtigt. Diese Krankenkraftwagen können in *geländegängige* (gl) und *handelsübliche* (teilmilitarisierte) Fahrzeuge eingeteilt werden. Die Transportkapazität kann bei Bedarf durch geländegängige Lastkraftwagen, die originär für Materialtransporte vorgesehen sind, kurzfristig vergrößert werden. Daneben stehen Schützenpanzer (für 2 Liegende und 2 Sitzende) sowie Hubschrauber und Flugzeuge als zeitweilige Verwundetentransportmittel zur Verfügung.

Bei den Radfahrzeugen ist seit 1977 schrittweise die zweite Generation der Krankenkraftwagen eingeführt worden. In der ersten Generation, beginnend mit dem Beschaffungsjahr 1956, waren Fabrikate von der Auto Union, Daimler-Benz, Ford, MAN und VW vertreten.

DKW lieferte 1956 den F 91/4 900 bzw. 1000 und ab 1959 den »Munga« als Lkw 0,25 t gl mit Feldtragenhalterungen für 2 Liegende. »Munga« klingt wie irgendein exotisches Tier, ist aber lediglich die Abkürzung für »Mehrzweck-Universal-Geländefahrzeug mit Allrad-Antrieb«, von dem es auch eine zivile Version gab.

Der VW vom Typ 253 ist ein Achtsitzer, der mittels Feldtragenhalterungen zum behelfsmäßigen Transport von 2 Liegenden hergerichtet werden kann.

Von Ford kamen die auch im Katastrophenschutz und im zivilen Krankentransport vielfach verwendeten Typen Transit FT 900 bzw. 1000, eingerichtet zur Aufnahme

Lkw 1,5 t gl, geschl. Krkw für 4 Tragen, 1. Generation. Mercedes-Benz Unimog S 404. Sanitätsausrüstung von Miesen.

1. Generation

Beginn der Einführung	Materialplanungsbegriff	Fahrgestell	Sanitätseinrichtung
1956	LKW 0,25 t gl	DKW F 91/4, 900 und 1000	Miesen
1959	LKW 0,25 t gl Pritsche	DKW 1000 B Munga	Binz, Miesen
1957	LKW 1,5 t gl geschl Krkw	Daimler-Benz Unimog S 404	Binz, Miesen
1957	LKW 3 t gl geschl Grkrkw	Ford G 398 SAM S4	Binz, Miesen
1960	LKW 5 t gl geschl Grkrkw	MAN 630 L2A	Binz, Stollenwerk
1965	PKW 8 Sitze	VW Typ 253	Utila
1966	Krkw handelsüblich	Ford Transit FT 900 und FT 1000	Binz
1970	Rettungswagen handelsüblich	Daimler-Benz L 508 D	Miesen

von 2 Liegenden und 2 Sitzenden. Außerdem hatte Ford ab 1957 den Typ G 398 SAM S 4 als Lkw 3 t gl mit Kofferaufbau für Großraum-Krankenkraftwagen geliefert. Er konnte entweder mit 12 Liegenden oder 8 Sitzenden belegt werden. Diese Version wurde übrigens vom Katastrophenschutz ebenalls als »Grkrkw« übernommen.

Auch die MAN bot mit ihrem Modell 630 L 2 A in der Klasse Lkw 5 t gl einen Großraum-Krankenkraftwagen. Von Daimler-Benz beschaffte man den Unimog S 404, in dessen Kofferaufbau 4 Krankentragen Platz fanden.
Die Anzahl der Fabrikate für Krankenkraftwagen hat in der zweiten Generation um eines abgenommen: der DKW Munga entfiel. Ihn ersetzt ab 1977 der VW Iltis als Lkw 0,5 t gl für den behelfsmäßigen Transport von 2 Liegenden.

2. Generation

Beginn der Einführung	Materialplanungsbegriff	Fahrgestell	Sanitätseinrichtung
1977	LKW 0,5 t gl, teilmilitarisiert	VW Iltis	Stollenwerk
	Ersatz für LKW 0,25 t gl	DKW F 91 und DKW 1000 B Munga	
1977	KOM GR	Daimler-Benz O 303 KR	Stollenwerk
	Ersatz für LKW 3 t gl Grkrkw und LKW 5 t gl Grkrkw	Ford G 398 SAM MAN 630 L 2 A	
1980	PKW 8 Sitze	VW Typ 2	Utila
	Ersatz für PKW 8 Sitze	VW Typ 253	
1983	LKW 2 t gl Krkw	Daimler-Benz Unimog 1300 L	Binz
	Ersatz für LKW 1,5 t geschl	Unimog S 404	
1984	LKW 2 t Krkw teilmilitarisiert	Daimler-Benz L 508 D	Binz
	Ersatz für Krkw handelsüblich	Ford Transit FT 900 und FT 1000	

Der VW, Typenreihe 2, wird als Achtsitzer mit Feldtragenhalterungen für behelfsmäßige Transporte weiterhin verwendet.
Die neue Unimog-Baureihe von Daimler-Benz, Typ U 1300 L, wird von der Bundeswehr seit 1983 als Lkw 2 t gl und als Krkw gl genutzt. Er ist vielseitig verwendbar, entweder zum Transport von 4 Liegenden oder 2 Liegenden und 3 Sitzenden oder von 6 Sitzenden. Daneben ist der Typ L 508 D als Ersatz für den Ford Transit ab

Lkw 5 t gl, geschl. Grkrkw für max. 12 Tragen. MAN 630 L2A. Sanitätsausrüstung von Binz und Stollenwerk.

1985 vorgesehen. Dieses Modell wird bereits von den Bundeswehrkrankenhäusern mit Erfolg eingesetzt.
Das Konzept der Großraum-Krkw auf Lkw 3 t gl bzw. 5 t gl gab man 1977 auf. An ihre Stelle traten Kraftomnibusse KOM GR vom Typ Daimler-Benz O 303 KR, die mit Hilfe spezieller Rüstsätze mit wenigen Handgriffen in Großraum-Verwundetentransportfahrzeuge für 10 Liegende und 5 Sitzende umgewandelt werden können.
Erwähnt werden müssen auch die Notarztwagen der Bundeswehr an den Bundeswehrkrankenhäusern Ulm, Koblenz, Gießen und Hamburg, die in den zivilen Rettungsdienst dieser Standorte integriert sind. Hierfür wählte man von Daimler-Benz den Typ L 408, ab 1970 Typ L 508 D. Als deren Nachfolger sind grundüberholte Rettungswagen aus dem SAVE-Forschungsauftrag des Bundesministeriums für Forschung und Technologie vorgesehen. Trägerfahrzeug ist der Typ 207 von Daimler-Benz.

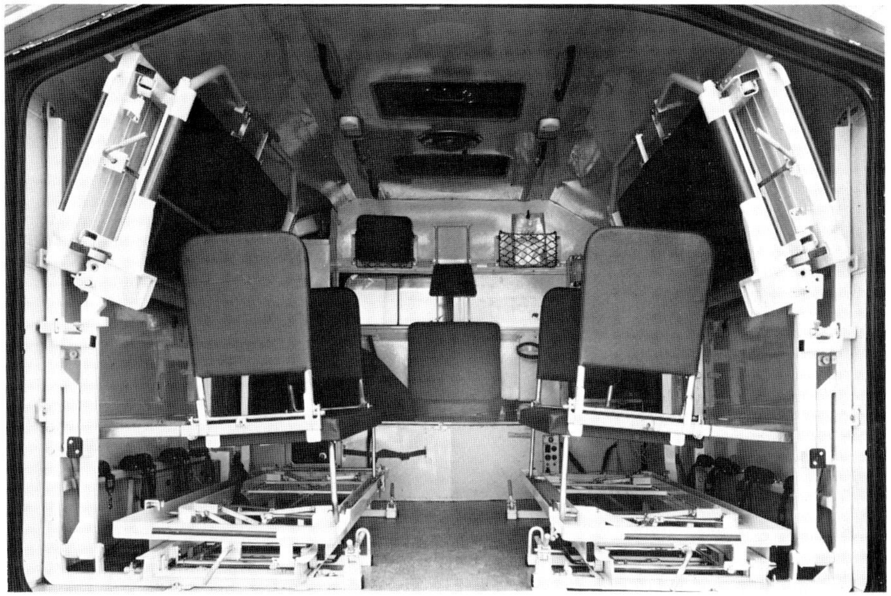

Krkw handelsüblich für 3 oder 4 Tragen, 1. Generation. Ford Transit FT 1000. Sanitätsausrüstung von Binz.

Der Lkw 0,25 t gl, DKW »Munga« konnte mit Hilfe eines Einbausatzes zum behelfsmäßigen Transport von 2 Liegenden eingesetzt werden. Die über das Heck hinausragenden Feldtragen ergaben allerdings eine große Überhanglänge. Beim Nachfolgemodell des Munga, dem VW-Iltis, besteht ebenfalls die Möglichkeit, zwei Feldtragen aufzunehmen.

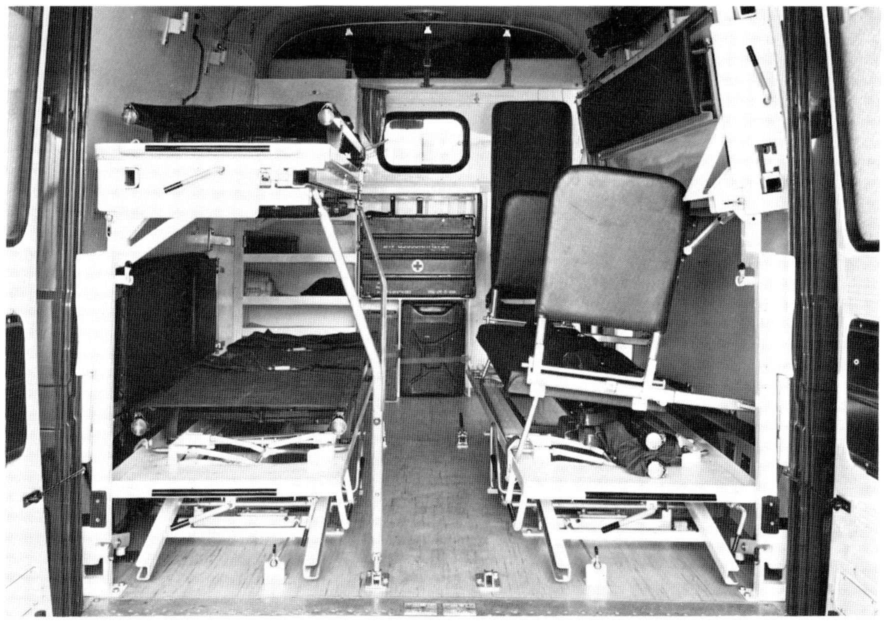

Lkw 2 t gl, geschl. Krkw für 4 Tragen, 2. Generation. Mercedes-Benz Unimog U 1300 L. Sanitätsausrüstung von Binz.

Kraftomnibus KOM GR. Mit einem speziellen Umrüstsatz (Stollenwerk) kann dieser handelsübliche Omnibus in einen Großraumkrankenkraftwagen für 10 Liegende und 5 Sitzende umgewandelt werden. KOM GR ersetzen die Grkrkw der 1. Generation.

Notarztwagen des Bundeswehr-Krankenhauses Ulm. Mercedes-Benz L 408, Sanitätseinrichtung von Binz. Die Bundeswehrkrankenhäuser beteiligen sich am zivilen Rettungsdienst ihrer Standorte mit eigenen NAW.

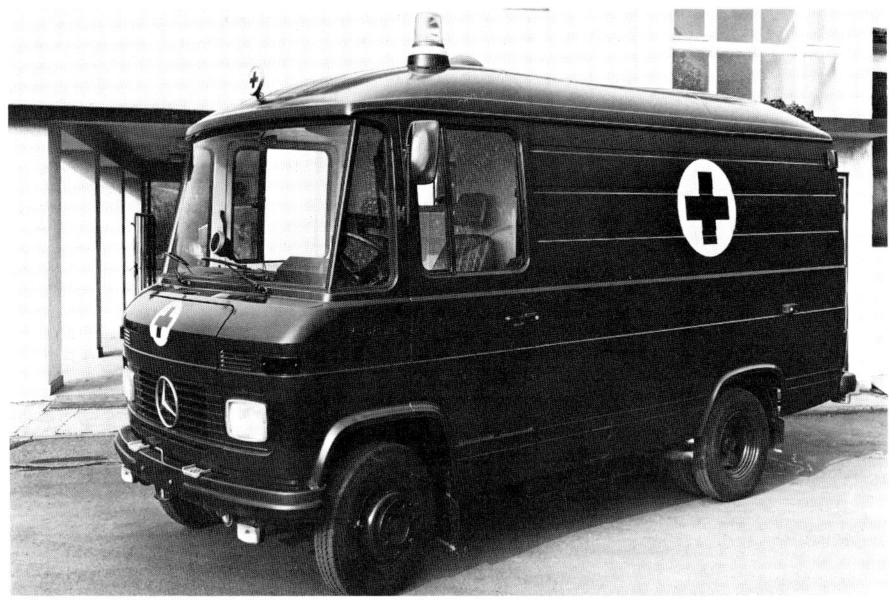

Lkw 2 t Krkw, teilmilitarisiert, für 4 Tragen, 2. Generation. Mercedes-Benz L 508 D. Sanitätsausrüstung von Binz. Dieses Modell ersetzt ab 1985 den Ford Transit.

Kapitel 12

Krankenkraftwagen im Katastrophenschutz

Die im Rahmen des Katastrophenschutzes aufgestellten *Sanitätszüge* verfügen über zwei Bauarten von Krankenkraftwagen, die vom Bund beschafft und den im Katastrophenschutz mitwirkenden Sanitätsorganisationen in den Bundesländern nach einem bestimmten Verteilerschlüssel zugewiesen werden. Es handelt sich um *Großraumkrankenkraftwagen* (Grkrkw) und *Viertragen-Krankenkraftwagen* (Krkw), neuerdings als KTW bezeichnet, da sie den Forderungen der DIN 75080 Teil 3 im wesentlichen entsprechen.

Die Grkrkw waren ursprünglich mit 12 Krankentragen ausgestattet, später wurden aus Raumgründen vier Tragen entfernt. Die Fahrgestelle stammen von Ford und Daimler-Benz, letzterer mit Allradantrieb. Es gab insgesamt 1162 Grkrkw; sie werden jetzt nach und nach ersatzlos ausgemustert.

Die Krkw bzw. KTW sind bisher sämtlich von Ford mit der Sanitätseinrichtung von Binz und Miesen geliefert worden.

1957 wurde in der Bundesrepublik der Luftschutzhilfsdienst (LSHD) mit verschiedenen Fachdiensten, so auch mit dem Sanitätsdienst, eingerichtet und die ersten Krankenkraftwagen beschafft, die teilweise 25 Jahre oder noch länger vorgehalten, aber wenig eingesetzt wurden.

Nach dem Erlaß des Gesetzes über die Erweiterung des Katastrophenschutzes im Jahre 1968 gab es organisatorische Veränderungen auch im Sanitätsdienst. Dieser bestand seit 1973 aus Sanitätszügen, Krankentransportzügen und Verbandplatzzügen. Ein *Sanitätszug* hat im

Großraumkrankenkraftwagen Grkrkw für 8 Tragen. Ford FK 3500, Straßenantrieb. V-8-Benzinmotor mit 3,9 l Hubraum, 100 PS. Zulässiges Gesamtgewicht 7000 kg. Kofferaufbau von Glas, Dingolfing, Sanitätseinrichtung von Binz. Auslieferungen von 1957 bis 1968.

Schadengebiet Erste Hilfe und ärztliche Versorgung zu leisten sowie Verletzte zu transportieren und verfügte für diese Aufgaben in jeder Sanitätsgruppe über 3 Krkw mit je 4 Tragen und einen Grkrkw mit 8 Tragen. Dem *Krankentransportzug* oblag es, Verletzte und Kranke aus dem Einsatzraum des Sanitätszuges der ärztlichen Versorgung zuzuführen, wofür ihm je Krankentransportgruppe ein Grkrkw und ein Krkw zugeteilt waren. Der *Verbandplatzzug* schließlich hatte andere Einheiten und Einrichtungen des Sanitätsdienstes mit Krkw und Grkrkw zu unterstützen.

Der *Stärke- und Ausstattungs-Nachweis* (STAN) für den Sanitätsdienst wurde 1980 erheblich geändert, was auch Auswirkungen auf die Fahrzeugausstattung hatte. Vorausgegangen waren jahrelange Beratungen des Bundesamts für Zivilschutz mit den mitwirkenden Sanitätsorganisationen, den Bundesländern und den kommunalen Spitzenverbände . Es entfielen der Verbandplatzzug und der Krankentransportzug. Eine *Arztgruppe* und eine *Verletzten-Transport-Gruppe* wurden neu gebildet.

Der neue Sanitätszug besteht somit aus 1 *Zugtrupp* mit achtsitzigem Pkw als Führungsfahrzeug (und einem Krad), der *Arztgruppe* mit 2 Arzttruppkraftwagen (ATrKw) und einem 4-t-Lkw, der *Sanitätsgruppe* mit achtsitzigem Pkw für die Helfer und der *Verletzten-Transport-Gruppe* mit 4 KTW (je 4 Tragen). Die KTW sind die schon bekannten Ford Transit. Die ATrKw, für die bislang Fahrzeuge von Daimler-Benz, Typ L 407 D mit Doppelkabine für 7 Personen verwendet wurden, verfügen über Tragenlagerungsgestelle, so daß im Katastrophenfall ein behelfsmäßiger Transport von jeweils vier Personen ermöglicht wird. Somit bleibt die frühere Beförderungskapazität des Sanitätszuges trotz Wegfalls der Grkrkw erhalten.

Krankenkraftwagen Krkw für 3 Tragen. Ford FK 1250. Vierzylinder-Benzinmotor mit 1,5 l Hubraum, 55 PS. Zulässiges Gesamtgewicht 2400 kg. Auslieferungen von 1957 bis 1968.

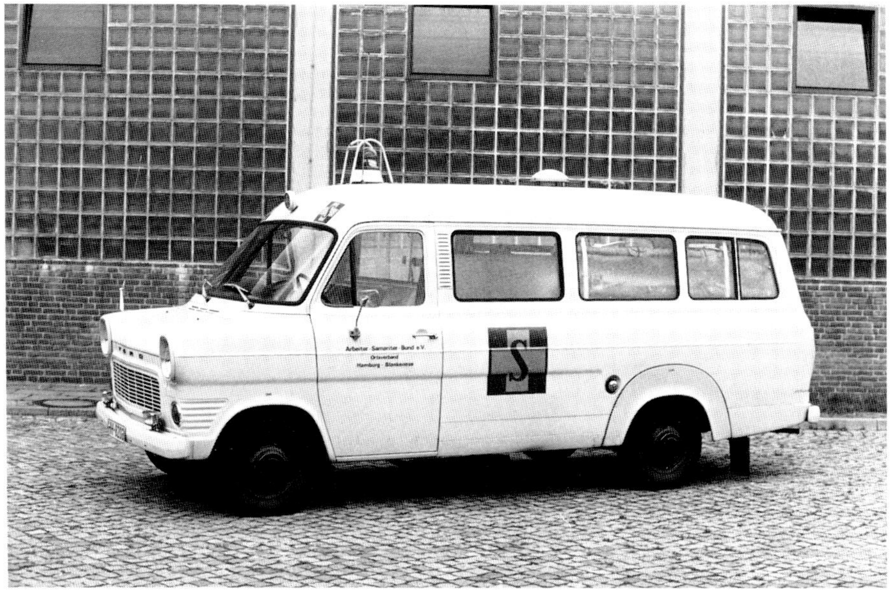

Krankentransportwagen KTW für 4 Tragen. Ford Transit FT 130. Vierzylinder-Benzinmotor mit 1,7 l Hubraum, 65 PS. Zulässiges Gesamtgewicht 2600 kg. Sanitätseinrichtung von Binz und Miesen. Nachfolgetyp des Ford FK 1250. Auslieferungen von 1970 bis 1981, insgesamt 1811 Stück.

Großraumkrankenkraftwagen Grkrkw für 8 Tragen. Mercedes-Benz LA 710 KR, Allradantrieb. Sechszylinder-Dieselmotor mit 5,6 l Hubraum, 100 PS. Zulässiges Gesamtgewicht 7600 kg. Kofferaufbau von Glas, Dingolfing, Sanitätseinrichtung von Binz und Miesen. Auslieferungen von 1957 bis 1968, insgesamt 1162 Stück

Kapitel 13

Sonderfahrzeuge für viele Zwecke

Mit den nach DIN 75080 genormten Rettungswagen und Krankentransportwagen können die Anforderungen des Rettungs- und Krankenbeförderungsdienstes im Regelfall voll erfüllt werden. Der bei einigen Organisationen auftretende Sonderbedarf verlangt hingegen nach technischen Lösungen, die das Einhalten aller Normforderungen nicht immer zulassen. Dennoch ließen sich in diesen Fällen nach Abwägung von Einsatzzweck und DIN-Vorschrift befriedigende Kompromisse erzielen. Das gilt zum Beispiel für Großraum- und Infektions-KTW sowie KTW bzw. RTW mit Allradantrieb. Im weitesten Sinne sind auch Transporte von Transplantaten, Organen und Blutkonserven zum Bereich des Rettungsdienstes hinzuzurechnen, die eine spezielle Fahrzeugausstattung erforderlich machen.

Großrettungswagen der BF Frankfurt. 47sitziger Linienbus Magirus 260 L 117, Motorleistung 188 kW. Innenausstattung von Binz, eingerichtet zum Transport von 8 Krankentragen. Baujahr 1980.

Ambulanz-Anhänger der BF Frankfurt zur Versorgung an Großunfallstellen. Niederbordrahmen-Anhänger mit 10 000 kg zulässigem Gesamtgewicht. Hersteller Gaul, Frankfurt. Baujahr 1982.

Großraum-Krankentransportwagen

Nach DIN 75080, Teil 3, beträgt die maximale Anzahl von Krankentragen im KTW vier Stück. Manche Sanitätsdienste benötigen eine darüber hinausgehende Transportkapazität. Sie läßt sich mit besonders eingerichteten Linien- oder Reisebussen schaffen, die für 8 bis 12 Tragen Platz bieten. Sie werden im allgemeinen als Großraum-Krankentransportwagen (GKTW) bezeichnet.
Solche GKTW dienen vielerlei Zwecken: bei Verlegungen einer größeren Patientenzahl von Krankenhaus zu Krankenhaus, zur Erstversorgung bei plötzlich aufgetre-

tenen Massenerkrankungen (z. B. Vergiftungen) oder als mobile Durchgangsstation bei Großunfällen. Den Feuerwehren sind GKTW darüber hinaus zur vorübergehenden Unterbringung evakuierter Hausbewohner während einer Brandbekämpfung wiederholt von großem Nutzen gewesen.

GKTW besitzen vielfach elektrohydraulisch arbeitende Hebeeinrichtungen, um den Sanitätern das anstrengende Ein- und Ausladen beladener Krankentragen zu ersparen. Die Krankentragenhalterungen sind zumeist derart gestaltet, daß sie bei Nichtgebrauch kurzzeitig ausgebaut oder raumsparend an die Seitenwände geklappt werden können. Dadurch wird der Innenraum zur Aufnahme einer großen Anzahl sitzfähiger Personen umgewandelt.

Krankenbus (KB) der BF Frankfurt. Linienbus Mercedes-Benz OP 311, 90 PS. Innenausstattung von Miesen, eingerichtet zur Aufnahme von 12 Krankentragen, umwandelbar für 12 sitzende Personen. Baujahr 1956 *(s. nebenstehendes Bild).*

Großraumkrankenwagen der Berufsfeuerwehr Hamburg. Omnibus Büssing 4000 TU, 100-PS-Unterflur-Dieselmotor. Umbau und Innenausstattung von Miesen, eingerichtet zur Aufnahme von 12 Tragen durch Doppelflügeltür am Heck. Baujahr 1953, in Dienst bis 1972. Ein ähnlicher Großraumkrankenwagen auf der Basis des Büssing 5000 TU war bereits 1951 beschafft worden.

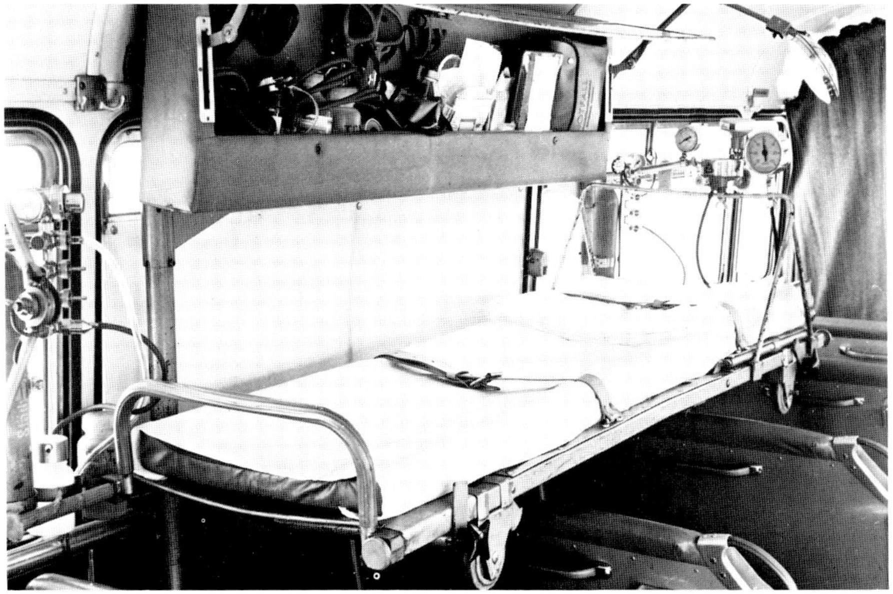

Großrettungswagen der Berufsfeuerwehr München, beschafft für den 1965 eingerichteten toxikologischen Notarztdienst. Linienbus Magirus-Deutz Saturn 150 S 10. Ausbau durch die BF München, Tragengestelle von Firma Stollenwerk. In Dienst von 1965 bis 1982 *(s. folg. Bild)*.

Für die zweite Generation der Münchner Großrettungswagen wurden Busse von Mercedes-Benz, Typ O 307 verwendet. Die Inneneinrichtung stammt von Miesen. Es können wahlweise 32 Sitzende oder 12 Liegende untergebracht werden. Baujahr 1982. Es sind zwei baugleiche Großrettungswagen vorhanden.

Großeinsatzwagen GEW 3 der Berufsfeuerwehr Hannover. Fahrgestell Mercedes-Benz OP 311, Aufbau von Paul Stolle KG, Hannover. Eingerichtet zur Beförderung von 12 liegenden oder 16 sitzenden Personen. Baujahr 1958, in Dienst bis 1974.

Dieser Großeinsatzwagen war der Nachfolger des GEW 3 von 1958. Fahrgestell Mercedes-Benz LPO 813 mit 4200 mm Radstand, Aufbau von Paul Stolle. Er ist eingerichtet zur Aufnahme von 8 Tragen, umwandelbar für 16 sitzende Personen. Baujahr 1974. 1976 wurde am Heck ein Hub-Schwenklift nachträglich eingebaut.

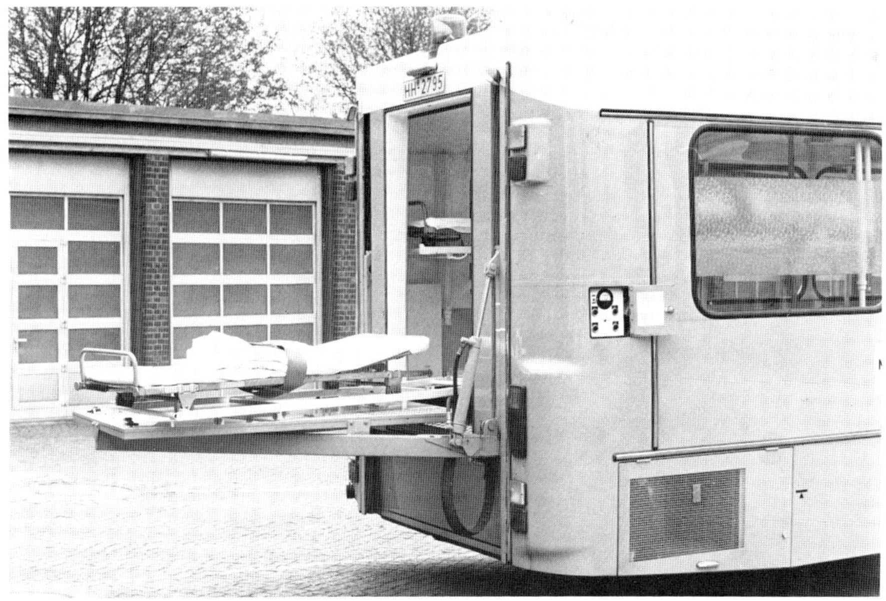

Großrettungswagen (GRTW) der BF Hamburg. Standardlinienbus Mercedes-Benz O 305. Umbau und Innenausstattung von den Fahrzeugwerkstätten Falkenried GmbH, Hamburg. Eingerichtet zur Aufnahme von 12 Tragen mittels hydraulischer Hubplattform am Heck. Baujahr 1981. Ein baugleicher GRTW wurde 1982 ebenfalls in Dienst gestellt.

Infektions-Krankentransportwagen

Erheblich bauliche Unterschiede bezüglich des Krankenraumes gegenüber herkömmlichen Krankentransportwagen zeichnen die KTW aus, in denen Personen mit ansteckenden Krankheiten befördert werden. Die Erkrankten oder Krankheitsverdächtigen müssen während des Transports von ihrer Umgebung, also auch vom Fahrerraum, vollständig isoliert sein. Darum sind Krankenraum und Fahrerraum gasdicht voneinander getrennt; die gegenseitige Verständigung ist über eine Gegensprechanlage sichergestellt. Alle Türen müssen luftdicht schließen, Fenster und Dachluken sind ohne Öffnungsmöglichkeit eingebaut.

Besonderen baulichen Aufwand erfordert unter Berücksichtigung der latenten Infektionsgefahren die Be- und Entlüftung. Die Zuluft strömt über Grobstaubfilter und zusätzliche Schwebstoffilter in den Krankenraum. Infolge des Strömungswiderstandes in den Zuluftkanälen herrscht im Fahrzeuginnern ein erwünschter geringer Unterdruck. Die verbrauchte Luft wird im allgemeinen dicht über dem Fußboden abgesaugt und bei Temperaturen über 100 °C verbrannt, ehe sie ins Freie entwichen darf. Die Keimabtötung kann auch durch Bestrahlung mit ultraviolettem Licht geschehen; allerdings ist diese Methode wegen der dafür benötigten Stromversorgung etwas aufwendiger.

Die sich an jeden Infektionstransport anschließende Desinfektion des Krankenraumes – entweder durch Heißdampf oder mit chemischen Mitteln – setzt entsprechende Widerstandsfähigkeit gegen thermische bzw. chemische Beanspruchung des für die Innenauskleidung verwendeten Materials zwingend voraus. Überwiegend wird rostfreier Stahl, der mit einem Polyurethanlack versiegelt wurde, für einen glattflächigen Innenausbau benutzt. Da jede Methode zur Desinfektion mehr oder weniger zeitaufwendig ist, kann es vorteilhaft sein, zwei auswechselbare Einzelkabinen im Krankenraum vorzusehen. Damit können die unvermeidlichen Fahrzeugstandzeiten verkürzt werden.

Infektions-KTW der Berufsfeuerwehr Essen. Mercedes-Benz 280 GE, Baujahr 1981. Auf- und Ausbau von Binz. Dieser geländefähige Krankentransportwagen leistete der Essener Feuerwehr auch bei Schnee und Eis gute Dienste!

Infolge seiner zweckbedingten Bauweise wirkt der Krankenraum eines Infektions-Krankentransportwagen spartanisch-einfach und kahl, zumal die übliche Geräteausstattung stark verringert ist.

Da Infektions-KTW nach jedem Transport desinfiziert werden müssen, ist der Krankenraum mit rostfreiem Stahl fugenlos ausgekleidet. Der Innenraum wirkt dadurch sehr nüchtern und einfach. Der Zweck bestimmt die Ausführung!

Infektions-KTW auf Basis des Opel Kapitän, Baujahr 1970. Radstand durch Voigt/Neuenahr verlängert. Aufbau und Einrichtung (Auskleidung mit rostfreiem Stahl) von Miesen.

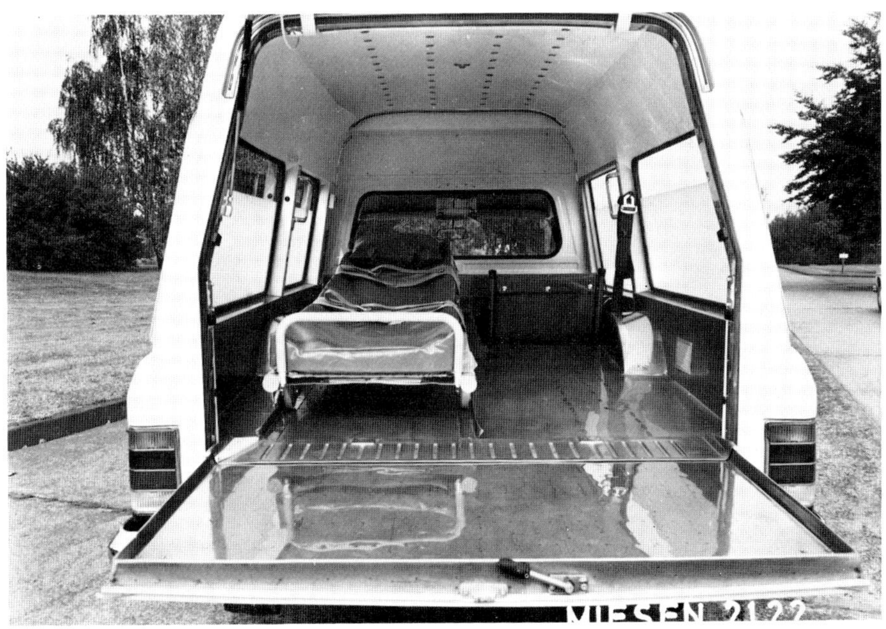

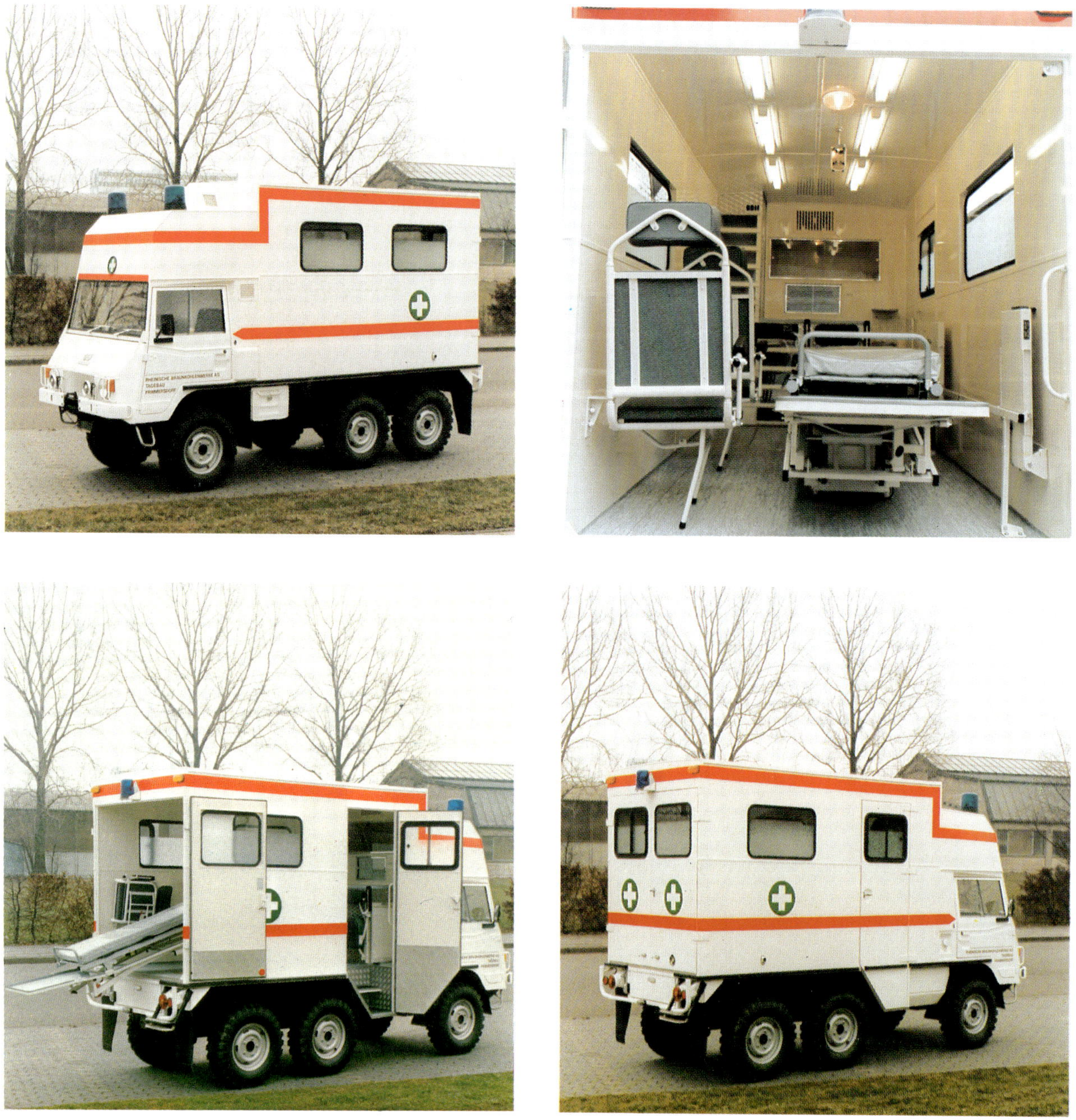

Rettungswagen der Rheinischen Braunkohlenwerke AG für den Einsatz im Braunkohlentagebau bei Frimmersdorf. In Deutschland ein selten anzutreffendes Fahrgestell: der Steyr-Daimler-Puch »Pinzgauer« 6×6. Vierzylinder-Benzinmotor 64 kW, zulässiges Gesamtgewicht 4000 kg. Baujahr 1981. Aufbau und Ausrüstung von Miesen.

KTW und RTW mit Allradantrieb

In Ausnahmesituationen müssen Krankentransportwagen oder Rettungswagen ziviler Ausführung abseits befestigter Straßen und Wege fahren können, um verletzte Personen in unwegsamen Gebieten zu erreichen. Dabei kann es sich zum Beispiel um Dünen- und Uferregionen (Wasserunfälle) oder Gebirgsgegenden (Bergunfälle) handeln. Für solche Einsatzgebiete sind Allradantrieb und Geländetauglichkeit unumgänglich. Weiterer Bedarf für geländefähige Rettungsfahrzeuge kann bei Flughafenfeuerwehren und auf Großbaustellen auftreten.
Als außerordentlich geländegängiges Nutzfahrzeug hat sich der *Unimog* mit seinen hochgelegten Portalachsen und vier gleichgroßen Rädern mit Einzelbereifung seit vielen Jahrzehnten bewährt. In großer Zahl verrichtet er bekanntlich als »Lkw 2 t gl« bei der Bundeswehr seinen Dienst auch als Krankenkraftwagen. Im zivilen Bereich ist er ebenfalls anzutreffen. Vereinzelt wurden auch *VW Transporter* (seit 1985 auch serienmäßig) und *Ford Transit* mit Allradantrieb versehen.
Mit dem 1979 neu auf den Markt gebrachten Geländewagen der Daimler-Benz AG, dem *G-Modell,* steht seitdem ein vorzüglich geeignetes Basisfahrzeug zur Verfügung, zu dem die Aufbauhersteller sogleich griffen. Zur Zeit sind die Typen 240 GD, 300 GD, 230 G und 280 GE mit 2850 mm Radstand zum Aufbau als KTW oder RTW freigegeben.
Die Ausführungen der Firma Binz tragen die Bezeichnungen *Ambulance 2000 G* und *Ambulance 2000 GK.* Bei der Bauart 2000 G handelt es sich um den viertürigen Geländewagen mit erhöhtem Stahldach und verlängertem Heck mit einteiliger Heckklappe. Es können ein oder zwei Tragen untergebracht werden. – Die Bauart 2000 GK besitzt anstelle des serienmäßigen Aufbaues hinter dem Fahrerhaus einen Leichtmetallkoffer (K = Koffer) mit Seitentür rechts und Doppelflügeltür, 270° öffnend, im Heck. Zwei oder drei Tragen finden hier Platz.
Die entsprechenden Ausführungen der Firma Miesen

Krankentransportwagen des Bundesgrenzschutz. Mercedes-Benz 230 G. Baujahr 1984. Aufbau von Binz.

Krankentransportwagen für den Export. Mercedes-Benz 280 GE. Baujahr 1984. Aufbau von Miesen.

Krankentransportwagen Mercedes-Benz 230 G, Aufbau von Binz (»Binz Ambulance 2000 G«).

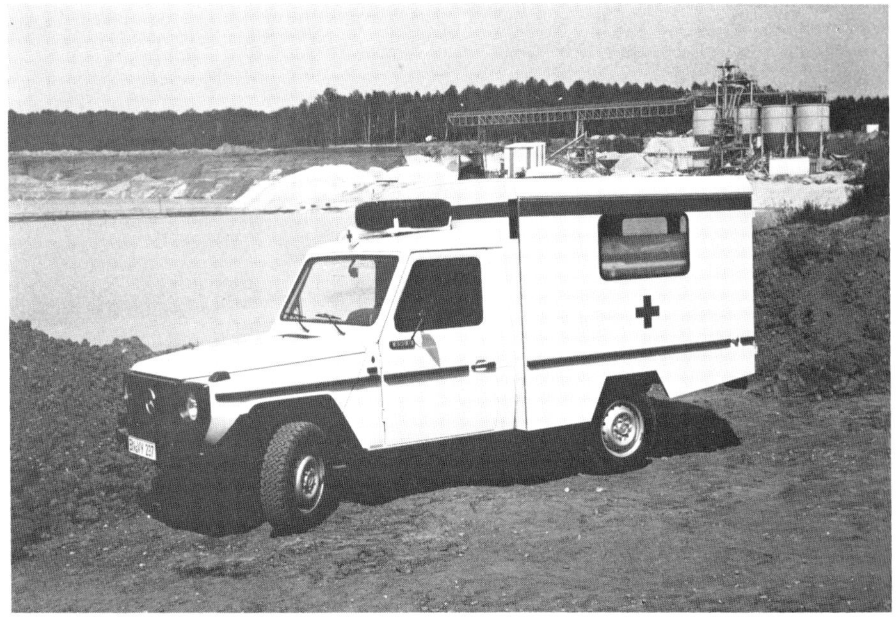

Krankentransportwagen Mercedes-Benz 230 G mit Leichtmetallkofferaufbau von Miesen (»Bonna G-Kofferaufbau«).

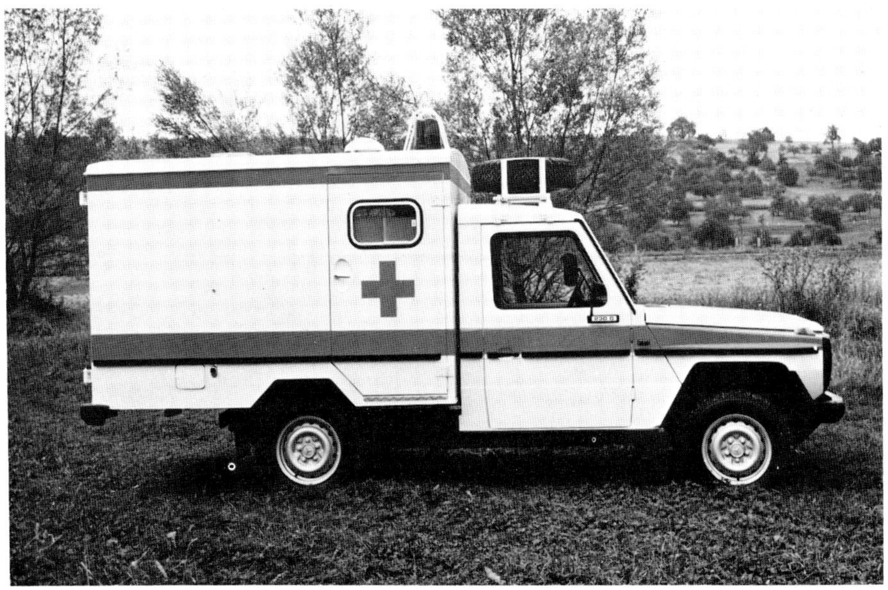

Krankentransportwagen Mercedes-Benz 230 G mit Leichtmetallkofferaufbau von Binz (»Binz Ambulance 2000 GK«).

Krankentransportwagen (mit 4 Tragen) des Landkreises Friesland für den Katastrophenschutz. Ford Transit FT 130 mit zuschaltbarem Vorderradantrieb. Baujahr 1980. Ausrüstung von Miesen.

sind mit *Bonna G* und *Bonna G-Kofferaufbau* bezeichnet. Bauart Bonna G ist wiederum der viertürige Geländewagen mit erhöhtem Stahldach und verlängertem Heck, jedoch mit Doppelklappe (nach oben und unten öffnend). Die Bauart Bonna G-Kofferaufbau besitzt ebenfalls einen Leichtmetallkoffer mit Doppelflügeltür im Heck und rechter Seitentür.

Krankentransportwagen (für 4 Tragen) der Werkfeuerwehr Rheinische Braunkohlenwerke Aktiengesellschaft. Mercedes-Benz Unimog U 416. Baujahr 1975. Aufbau und Einrichtung von Miesen.

Krankentransportwagen (für 4 Tragen) mit Stehhöhe. Rheinische Braunkohlenwerke Aktiengesellschaft, Gruppe West. Mercedes-Benz Unimog U 416. Baujahr 1978. Aufbau und Einrichtung von Miesen. – Die KTW der »Rheinbaun« dienen zur Beförderung von Verletzten aus den ausgedehnten Braunkohleabbaugebieten. Allradantrieb ist hier erforderlich.

Geländewagen (G-Modelle)
Radstand 2850 mm

Typ	240 GD	300 GD	230 G	280 GE
Werksbezeichnung	460 GD 24	460 GD 30	460 G 23	460 GE 28
Produktion	ab 1979	ab 1979	ab 1979	ab 1979
Motor	4 Zylinder-Dieselmotor	5 Zylinder-Dieselmotor	4 Zylinder-Vergasermotor	6 Zylinder-Einspritzmotor
Leistung	72 PS (53 kW)	80 PS (59 kW) *ab 1980:* 88 PS (65 kW)	102 PS (75 kW)	150 PS (110 kW) *ab 1980:* 156 PS (115 kW)

Frühgeborenen-Notdienst

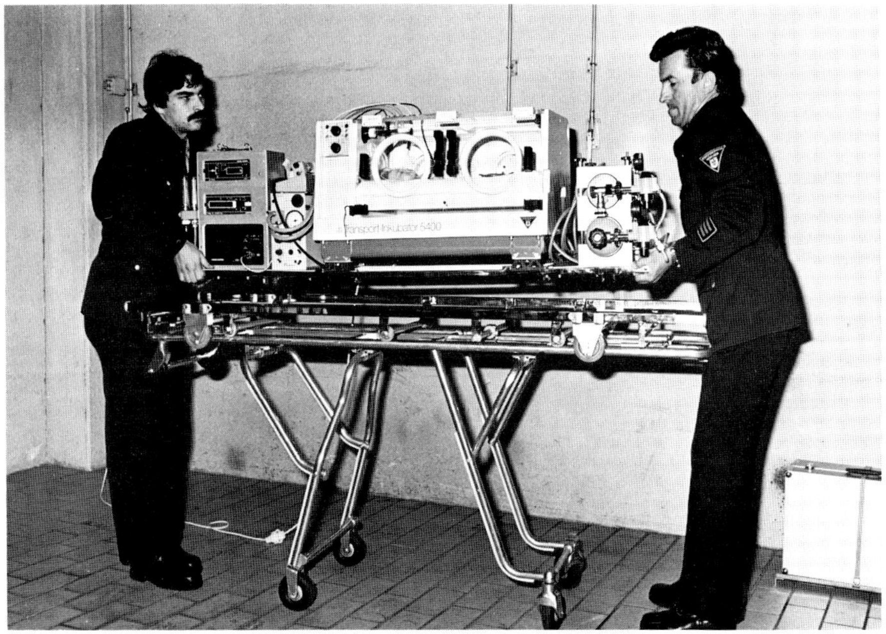

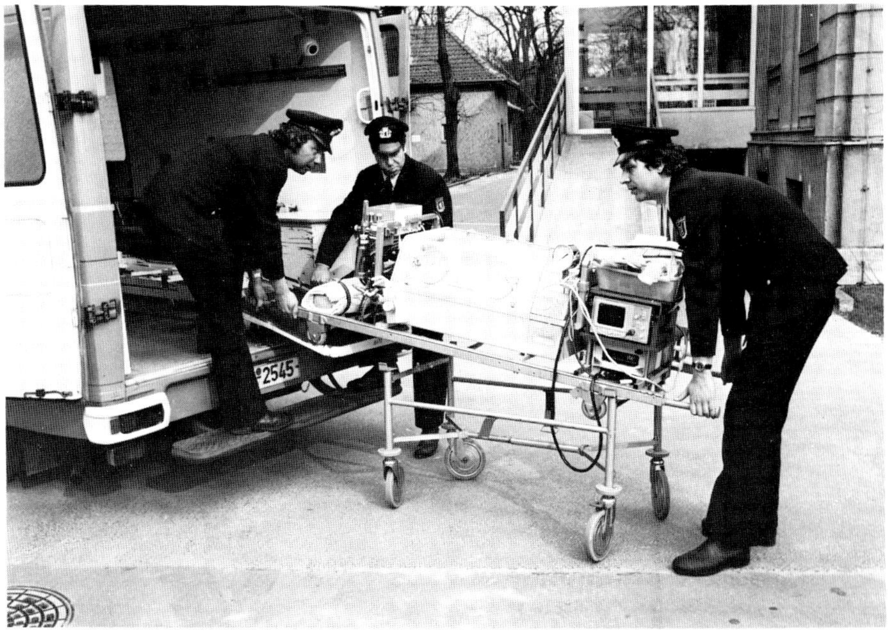

Der Transport von Intensiv-Inkubatoren ist ebenfalls eine Aufgabe vieler Rettungsdienste. Diese Inkubatoren stellen in sich geschlossene Lebenserhaltungssysteme für Säuglinge, zum Beispiel Frühgeborene, dar. Sie enthalten ein Sauerstoffversorgungssystem, außerdem sind in der Regel weitere Aggregate wie EKG-Monitor, Infusionseinrichtungen u. a. m. angeschlossen. Das Gesamtgewicht solcher Inkubatoren mit zusätzlichen Einrichtungen kann bis zu 130 kg betragen. Die Einheit muß mit größtmöglicher Schonung transportiert werden. Das Bild zeigt einen Intensiv-Inkubator bei der Berufsfeuerwehr München, der auf einer Fahrtrage amerikanischer Bauart transportiert wird. *(Bild oben links)*

Rettungswagen der Münchner Berufsfeuerwehr speziell für den seit 1978 eingerichteten Neugeborenen-Notarztdienst. Mercedes-Benz 307 D, Einrichtung von Binz. *(Bild oben rechts)*

Die Berliner Feuerwehr lädt einen Intensiv-Inkubator in den Notarztwagen ein. Zum Transport am Boden wird ein Krankentragen-Fahrgestell benutzt. *(Bild unten rechts)*

Wechselaufbauten, Schwimmcontainer und andere Spezialitäten

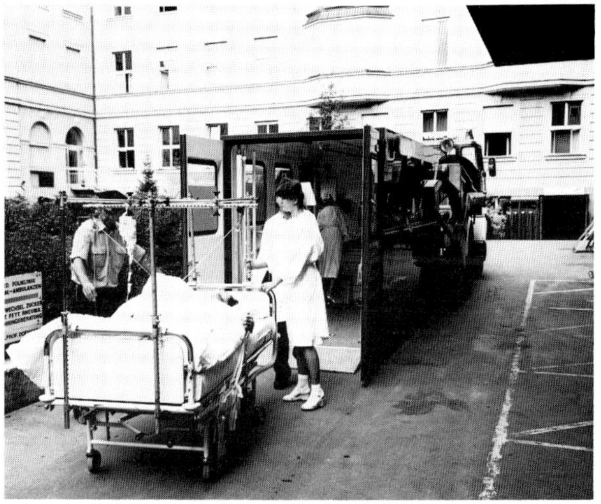

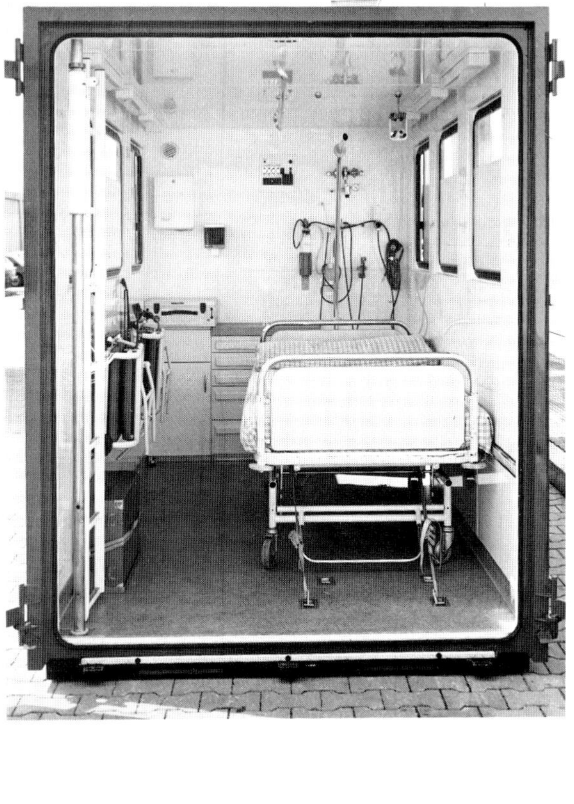

Eine besondere, wenn auch glücklicherweise seltener vorkommende Transportaufgabe ist die Überführung von Patienten im Krankenhausbett mit angeschlossenen Infusions- und Beatmungsgeräten. Die Berufsfeuerwehr München löste das Beförderungsproblem mit einer »Rettungszelle« im Absetzverfahren, die sie 1982 zusammen mit der Karosseriefabrik Ottenbacher/Biberach entwickelte. Die gewählte Lösung bot sich an, weil ein Wechselladersystem ohnehin bei der Feuerwehr vorhanden ist. Auch der Transport einer Person in der »Eisernen Lunge« ist hiermit durchführbar. Das Trägerfahrzeug, hier ein luftgefederter Magirus-Deutz 256 M 19, ist mit einer hydraulischen Absetzvorrichtung von Meiller ausgestattet. Die Rettungszelle enthält Heizung, Lüftung und Beleuchtung und wird von einem 5-kVA-Stromerzeuger versorgt.

Die Schiff- und Maschinenbaufirma Hilgers AG in Rheinbrohl baute zur Versorgung von Großunfallstellen zu Lande oder zu Wasser den schwimmfähigen 20'-Container »Medi 1«. Seine medizinische Ausstattung, die etwa der eines genormten Rettungswagens entspricht, wurde von Miesen/Bonn übernommen. Zum Einsatz auf dem Lande kann der Ambulanz-Container von jedem Trägerfahrzeug mit Abrolleinrichtung transportiert werden. Auf dem Wasser, gedacht ist vor allem an Flüsse, bewegt sich »Medi 1« mit eigener Kraft vorwärts. Er ist mit einem luftgekühlten Deutz- oder wassergekühlten Daimler-Benz-Dieselmotor und Schottel-Pump-Jet ausgerüstet. Der Wasserstrahlantrieb ist vor allem im Flachwasserbereich ideal und problemlos. Hilgers bezeichnet dieses auch für andere Bedarfe, z. B. als Löschcontainer geeignete System mit ROLOWAC (Roll on lift off water allround container).

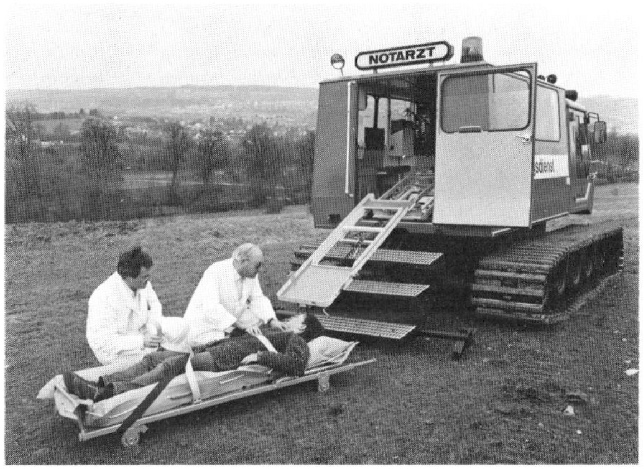

Im Gebirge oder bei extremen Schneelagen, wo jedes Radfahrzeug trotz Allradantrieb längst an die Grenze seiner Traktion gestoßen ist, sind nur noch Kettenfahrzeuge in der Lage, unwegsame Unfallstellen zu erreichen. Die Karl Kässbohrer Fahrzeugwerke in Ulm bauen den »Pisten-Bully« als sogenannte Überschneefahrzeuge, beispielsweise zur Schneeräumung und zum Materialtransport. Die Lorcher Firma Binz richtete 1982 einen »Rettungs-Bully« als kettengetriebenen Rettungswagen für extremen Geländeeinsatz ein. Seine Steigfähigkeit beträgt über 100 Prozent, die maximale Geschwindigkeit 21 km/h. Das 5800 kg schwere Kettenfahrzeug ist mit einem 124-kW-Dieselmotor von Daimler-Benz ausgestattet und verfügt über ein hydrostatisches Antriebs-, Lenk- und Bremssystem.

Bildnachweis

(Die Zahlen geben die Seiten an)

Arbeiter-Samariter-Bund: 22 rechts unten.
R. Becker: 34 rechts.
Berliner Feuerwehr: 144 rechts unten.
Binz Werkfotos: 12, 63, 74 oben links, 77 rechts, 86, 87, 88, 89 links und rechts unten, 96 links unten, 97 rechts oben, 98 links unten, 99 rechts, 100 links oben und Mitte, 101 rechts oben, 102 links oben und unten, 103 links und rechts unten, 104 links oben und unten, 105 oben, 106, 107 links und rechts oben, 110 links unten, 113 rechts, 117, 118, 130 rechts unten, 141 oben, 142 links oben und unten.
Archiv Hans Brunswig: 53 rechts oben, 55, 56, 59, 76 rechts, 94, 134 rechts oben.
Clinomobil Werkfoto: 95 links unten.
Daimler-Benz: 24, 25, 30 rechts, 31, 32, 33, 34 links, 40 links oben und unten, 58, 60.
DRK-Bildarchiv Bonn: 46, 47, 48 rechts, 50, 51, 116 oben und unten, 119, 120.
DRK LV Hamburg: 14 rechts oben und unten, 91, 92.
DRK Karlsruhe: 97 rechts unten.
H. Ebel: 137 links unten.
BF Essen: 138, 139 links.
Werkfoto Ford: 110 rechts oben, 142 rechts unten.
BF Frankfurt: 18 oben, 85 rechts oben, 95 links oben, 134.
Flughafenfeuerwehr Frankfurt: 114 rechts.
Feuerwehr Hamburg: 16, 36, 52, 53 links und rechts unten, 57, 61 links oben, 68 rechts, 69 links, 95 rechts oben und unten.
BF Hannover: 15 rechts oben, 103 rechts oben, 137 links oben.
K. Helm: 38 rechts oben und unten, 41 unten.
Herrmann Werkfoto: 64 rechts unten, 99 links oben und unten, 100 rechts.
H. Herth: 14 links, 18 unten, 19, 37 rechts oben.
Hilgers Werkfoto: 146.
Archiv W. Hornung: 10 links unten, 11, 20, 21.
Kässbohrer Werkfoto: 147.
BF Köln: 17, 22 links, 26, 29 unten, 38 links unten, 80, 81 links oben und rechts oben, 82 links oben, rechts oben und unten, 98 rechts oben und unten.
Werkfeuerwehr E. Merck: 13 links unten, 39, 41 oben.
Miesen Werkfotos: 40 rechts oben und unten, 44, 45 rechts, 48 links, 54, 61 links und rechts, 62, 64 links oben und unten, rechts oben, 65, 66, 67, 68 links, 69 rechts, 70, 71, 72, 73, 74, links unten und rechts, 75, 76 links, 77 links, 81 rechts unten, 82 links unten, 85 rechts unten, 93, 96 links oben und rechts, 97 links oben und unten, 98 links oben, 100 links unten, 101 links und rechts unten, 102 rechts, 104 rechts, 105 Mitte und unten, 107 rechts Mitte und unten, 108 links, 110 links oben, 111, 115, 126, 135 links oben und unten, 139 rechts oben und unten, 140, 141 unten, 142 rechts oben, 143.
BF München: 27, 43 links oben und unten, 83, 84, 85 links oben, 136, 144 links, oben und rechts oben, 145.
Archiv H.-O. Neubauer: 22 rechts oben.
Archiv W. Oswald: 37 links und rechts unten, 38 links oben, 43 rechts oben und unten, 45 links.
U. Paulitz: 78 links oben.
Porsche Werkfotos: 109, 110 rechts Mitte und unten, 122, 123, 124.
Archiv SanAkBw: 10 links oben, 30 links, 127, 128, 129, 130 links oben und unten.
Archiv H. Schläfer: 15 rechts unten, 130 rechts oben.
Archiv H. Stollenwerk: 28, 29 oben.
A. Stude: 15 links, 23, 125.
Archiv Verfasser: 9, 10 rechts oben und unten, 42, 78 links unten, rechts oben und unten, 79, 89 rechts unten, 108 rechts, 113 links, 114 links, 121, 131, 132, 133, 137 rechts oben und unten.
Werkfoto VW: 112.
BF Wiesbaden: 13 links oben, rechts oben und unten.

Schutzumschlag:
Links oben: Archiv K. Rosenbauer KG, *links unten:* Werkfoto Binz, *rechts oben:* Daimler-Benz Werksarchiv, *rechts unten:* Werkfoto VW.